U0387989

The Tactile Perception
on the Fingertips

Research on Length, Angle, and Working Memory
Features Based on Tactile Perception

The Tactile Perception
on the Fingertips

Research on Length, Angle, and Working Memory
Features Based on Tactile Perception

指尖上的触觉

基于触觉感知的长度、角度及工作记忆特征研究

武之炜　余家斌　肖金花　著

化学工业出版社

·北京·

内容简介

本书从人机工程学和设计心理学的角度出发，开展了面向不同年龄段被试群体的触觉感知实验，通过自主研发的可实现定量化呈现长度和角度的实验装置，向被试者的手指间呈现不同大小的长度和角度实验刺激。为研究人手的各个手指对于长度感知的特性，书中对比了年轻人和老年人对于长度感知的差异性。为了进一步探索老年人的触觉感知和工作记忆能力是否存在退化现象，书中通过具体的实验对比了老年人与年轻人的长度感知能力与长度记忆能力的差异性。最后，本书提出了新型的基于触觉角度感知的阿尔茨海默病早期诊断方法，并实施了具体的实验认证其方法的可行性。本书重点介绍了心理学实验的设计、数据解析及实验结果的分析，提出的触觉感知方法能够为阿尔茨海默病早期诊断提供研究价值。

本书可供人机工程、人机交互、工业设计、产品设计等专业的科研技术人员学习使用，也可为人机工程学、心理学、认知神经科学、设计学、老年福祉学等学科领域提供相应的研究参考。

图书在版编目（CIP）数据

指尖上的触觉： 基于触觉感知的长度、角度及工作
记忆特征研究／武之炜，余家斌，肖金花著． -- 北京：
化学工业出版社，2024.6 -- ISBN 978-7-122-45834-6

Ⅰ.TB18

中国国家版本馆 CIP 数据核字第 2024B580D7 号

责任编辑：陈　喆　　　　　　　　　　　装帧设计：王晓宇
责任校对：李　爽

出版发行：化学工业出版社（北京市东城区青年湖南街 13 号　邮政编码 100011）
印　　装：北京盛通数码印刷有限公司
710mm×1000mm　1/16　印张 11　字数 174 千字　　　2024 年 10 月北京第 1 版第 1 次印刷

购书咨询：010-64518888　　　　　　　　售后服务：010-64518899
网　　址：http://www.cip.com.cn
凡购买本书，如有缺损质量问题，本社销售中心负责调换。

定　　价：99.00 元　　　　　　　　　　　　　　版权所有　违者必究

　　触觉是人类五感中最重要的感觉之一，当人用手拿住物体时，会根据物体的大小，采取各种姿势，例如，触摸、钳抓、握住等，首先会判断到物体的形状，其次是硬度、温度、重量、质感等特征。视觉仅仅认知到物体外在的表面特性，触觉则认知到物体内在的更深层次的特征。

　　不仅是人类，所有的生物体在生长的过程中，随着年龄的增长都会产生相应的差异性。例如，老年人的运动能力与记忆能力相比年轻人会存在差异性，这样的差异性被认为是制作老年产品的重要因素。另外，随着年龄的增长，患记忆力衰退、认知低下、阿尔茨海默病的概率也会增加。这类退化现象特别会从手指显现，我们认为可以从手指感知的变化中发现一些前期症状。因此，有必要针对年轻人与老年人群体，实施触觉感知能力差异性的研究，为今后的老年人产品的研发奠定相应的基础。

　　本书通过研发的触觉呈现设备，调查了人对于长度和角度的触觉感知能力，并且对比了年轻人、老年人、轻度认知障碍患者和阿尔茨海默病患者的触觉感知能力及工作记忆能力。研究结果表明，老年人的角度感知能力对比年轻人会有所下降，并且老年人的触觉记忆能力也有显著退化。轻度认知障碍患者和阿尔茨海默病患者的角度辨别能力，相比正常老年人呈现显著性退化现象。

　　武之炜负责本书写作、实验实施、数据整理，余家斌、肖金花负责图表的修改及全书内容修改建议。感谢吴景龙教授、杨家家教授给予的学术指导，感谢研究生徐斌清协助完成本书的图表修改工作。

本书作者为中国计量大学工业设计系教师，本书获国家一流专业建设点、浙江省哲学社会科学规划年度重点课题（22NDJC020Z）：《标准创新城市社区养老服务精准供给研究》、浙江省课程思政项目：《基于正确价值观的工业设计思政案例教学研究》、浙江省省级一流本科课程《电子信息创新创业入门》项目的资助。

为了方便读者阅读参考，本书插图经汇总整理，制作成二维码放于封底，有需要的读者可扫码查看。

由于时间仓促，书中不足之处在所难免，恳请广大读者批评指正。

著　者

目录
Contents

参考文献

第 **1** 章
绪　论

1.1
触觉感知的重要性

近年来，随着计算机技术的发展，虚拟现实技术对于人机界面的应用越来越广泛。在交通、医疗、通信、娱乐、制造业等领域逐渐运用到虚拟现实技术。人对于自身所处环境的感知不仅仅依赖于视觉和听觉，还会依赖于其他的感觉。例如，在没有视觉和听觉信息的环境下进行的远程操作，触觉所感知到的信息就显得尤为重要。远程医疗诊断中，医生不仅仅能看到和听到远程患者的症状，如果能够通过触觉感知到患者的症状，将大大提升远程医疗诊断的准确性。为了提高远程操作精度和虚拟现实技术身临其境的感觉，向操作者再次呈现触觉信息尤为重要。

视觉仅仅能够认知到物体外在的表面特性，然而，触觉可以认知到物体内在的更深层次的特征。触觉是人类五感中最重要的感觉之一，当人用手拿住物体时，会根据物体的大小，采取各种姿势。例如，触摸、钳抓、握住等。首先会判断物体的形状（shape），其次是硬度（hardness）、温度（temperature）、重量（weight）、质感（texture）等特征。

人类通过触觉感知物体形状时，首先，手指会接触到感知的物体。可以认为手指间的距离感觉和接触面的曲率会影响物体的形状感知，物体的大小感知以手指间的长度为基础，长度感知（length perception）在物体的形状感知中占据着重要的部分。

1.2
触觉感知的特征及机制

广义的触觉（tactile），为投射到大脑的体性感觉区域（somatosensory cortial area）的总称，在知觉中占有极其重要的地位。根据感觉生成部位，触觉可以将其分为两类：皮肤感觉（cutaneous sensation）和本体感觉（proprioception）（图 1.1）。皮肤感觉来源于皮肤下面的接受器，或者由来自神经末端的信号产生的感觉。本体感觉来自肌肉纺锤、肌腱、关节等运动器官在不同状态（运动或静止）时产生的感觉。由于生成本体感觉的部位与皮肤感觉相比存在于更深的部位，因此也被称为深部感觉（Loomiees，1986）。

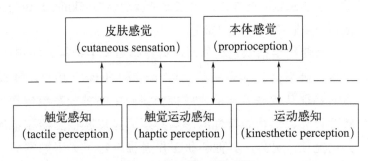

图 1.1　触觉感知的分类图

人类使用手掌、手指的皮肤接触物体时，能够在某种程度上取得接触对象的温度、硬度、粗糙度、光滑度等物体表面的信息。接触这些东西时感觉并不像眼睛和耳朵那样由一个固定的感觉器官获取信息。"视觉、听觉、味觉、嗅觉、平衡感以外的没有分化的感觉器官的知觉"被称为"本体感觉"。其中，皮肤感受到的感觉被称为"皮肤感觉"，骨骼肌、肌腱、关节感受到的感觉被称为"深部感觉"。

深部感觉主要的接受器是伸张接受器（肌纺锤和腱纺锤）、高尔基的腱接受器、关节接受器等，统称为固有接受器（proprioceptors）。伸张接受器（stretch receptor）位于肌肉组织内，如其名称一样，仅由肌肉的伸张而受到刺激，当肌收缩时，其活动停止。该接受器不仅参与力的感受，而且向中枢传递位置和运动的信息。存在于肌腱上高尔基的肌腱接受器（golgi tendon organs）不仅通过肌肉的伸展，还通过收缩产生活动。关节接受器（joint receptor）位于包裹关节部两端的骨骼组织（关节包）中，当关节移动时，关节包伸长或收缩，成为刺激并产生活动。关节接受器只是向中枢传达关节的位置、方向和运动的速度信息，不参与力量的感知。

根据知觉行为对触觉进行分类，如图 1.1 所示，当人类想要获取物体的表面信息时，需要主动地移动手指接触到物体表面。此时，可以认为皮肤感觉和固有接受感觉是相互协调工作的。根据协调的程度，可以将触觉的感知行为分为三类。第一类是触觉感知（tactile perception），仅通过皮肤感觉获得；第二类是触觉运动感知（haptic perception），根据主动接触物体时皮肤的感觉和活动的肌肉等共同获得，也就是通过皮肤感觉和运动感觉共同作用；第三类是运动感知（kinesthetic perception），不依赖于皮肤感觉的运动知觉。

当使用手指识别物体时，首先感知与手指接触的物体表面的形状、温度、硬度、材质等特征。Johnson 和 Hsiao（1992）等报告了材质等表面特征从皮肤表皮的皮肤接受器向中心神经系统传导。对象物体的轮廓尺寸、形状等特性的感知必须通过皮肤接受器和本体感觉接受器共同完成。另外，其他科研工作者也进行了关于触觉显示器的触觉研究，该触觉显示器能够显示触觉、材质等各种触觉感觉，研究结果发现对象物的轮廓的尺寸、形状等性质必须通过传达接触表面的性质的皮肤接受器感觉和传递空间内排列的三维位置的本体感觉信息来感知（Johnson&Hsiao，1992）。

根据 Burke（1988）等报告，由手指的钳抓动作产生的长度知觉，最初是从指尖张开距离的关节、肌肉、皮肤的本体感觉感知信息。当钳抓大的对象物时将指尖大幅度张开，钳抓小的对象物时指尖变窄（Burke，1988）。

触觉被认为是具有不同知觉功能的四种皮肤机械接受器的知觉综合。皮肤感觉在皮肤接受器中感知各种各样的信息，皮肤的机械接受器有麦斯纳氏小体、梅克尔触盘、鲁菲尼氏小体、帕奇尼小体等，分别响应不同的皮肤形变。

慢适应机械接受器、梅克尔触盘以及鲁菲尼氏小体在皮肤突然受到形变时，在过渡的脉冲之后持续低频率的脉冲，并且传达皮肤机械变化的速度和大小。检测速度接受器很好地响应低频率（5～40Hz）的振动。检测过渡状态接受器是毛囊接受器的一种，并且，鲁菲尼氏小体是敏感的，能够很好地响应高频率的振动（300～400Hz）。除了肌肉、肌腱、关节等深部接受器以外，机械接受器的一部分也与覆盖关节的皮肤有关。适应迅速且感受性高的帕奇尼小体能够感受到关节的运动。

作为具体的长度感知研究，Gaydos（1958）用手触摸长度 25～100mm 的铝筒，用大拇指和食指再现其长度。Dietze（1961）以厚度为 10mm、30mm、50mm 的圆柱体为标准刺激，进行了长度感知的阈值实验。另外，吕胜富等（2004）为了阐明对象物形状感知的特性，随机选择了大拇指和其他的另外一根手指，使用两根手指进行了成为形状的基本要因之一的长度感知特性实验。由于他们实施的长度知觉实验使用了试验片，因此，得到的长度知觉特性也包含皮肤机械接受器的重量感觉。

在感知长度时，接触表面的材质、钳抓对象物的硬度、接触面积等也对长度感知有所影响。Gepshtein 和 Banks（2003）报告了空间内对象物的放置方向对长度感知没有影响。另外，关于对其他长度知觉产生影响的因素，Berryman（2006）等在 50～62mm 的长度范围内使用大拇指和食指进行实验，研究结果表明，在该长度范围内与手指接触的面积和抓持力对于人的长度感知没有影响。进而，展开了 3 根手指同时进行钳抓动作的长度感知实验，研究发现多根手指的长度感知与单根手指相比，感知误差会变小。

1.3
研究触觉感知的意义

关于手指触觉感知能力及其老龄化的研究，不仅能够成为神经生理学上阐明手指的形状认知的线索，而且对于人机工程学、机器人工学、福祉工学等领域的基础研究也很重要。手指的长度感知对于日常生活的各种形态的物体的抓握和操作等基本作业，乃至虚拟现实技术、远程操作等技术开发具有重要的意义。另一方面，为了适应老龄化社会，进一步发展和充实老年人福祉设备，针对手指的运动、感觉功能的退化的研究是必不可少的。

当指尖感知物体的形状时，手指尖间的相互距离感觉及指尖接触面的曲率等是影响形状感知的重要因素。因此，研究长度和角度感知的特性对于揭示物体的形状感知的机制具有重要的关联性。本书同时深入研究了老年人的触觉感知能力和触觉记忆能力是否存在退化的现象。

第**2**章

五根手指的长度
感知特性的研究

2.1
研究目的

　　人在抓取物体时，通常会使用 5 根手指同时抓住物体，并感知其形状。我们认为在感知的过程中手指间相互影响物体的感知。目前为止，也没有 5 根手指同时进行知觉特性的研究。

　　本研究针对 5 根手指（大拇指和其他 4 根手指）间呈现不同的长度，并让被试者回答长度的大小值。为此，对各个手指开发了独立的 4 轴控制装置。由于人的手的大小、形状各不相同，指尖抓取物体动作的轨迹也因人而异。当被试者抓住对象物时，如果不是适合被试者的呈现方法，则会带来多余的违和感。因此，我们通过预先测量被试者抓取物体时手指的运动轨迹，使实验环境适合每一名被试者。

　　本实验考虑到每个被试者抓取物体时手指间的运动轨迹不同，开发出特定的 5 根手指呈现不同角度的长度呈现设备，研究多个手指同时进行长度感知时的特性。

2.2
轨迹测量方法

2.2.1　测量概要

　　指尖抓取物体的测量轨迹方法如图 2.1 所示，使用摄像机拍摄手指抓取半圆的运动轨迹，并对此进行数据解析。要求被试者的指尖放置在透明的亚克力板上，拇指固定在半圆的圆心，其他手指向着圆心反复做抓取半圆的动作。原本计划 5 根手指同时运动，但是考虑到大拇指比其他手指自由度高，所以决定固定大拇指，让其他手指移动的相对运动再现手指的运动。摄像机放置在亚克力板的反面，拍摄 5 根手指抓取半圆的全部运动轨迹过程。每名被试者重复 10 次抓取动作，每根手指的指尖中央都贴着彩色的标记，手指运动轨迹的捕捉图片如图 2.2 所示。

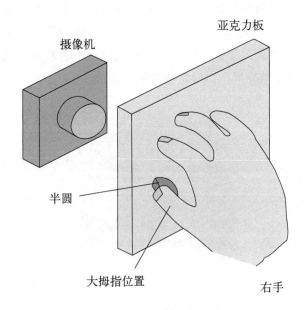

图 2.1　手指运动轨迹的测量

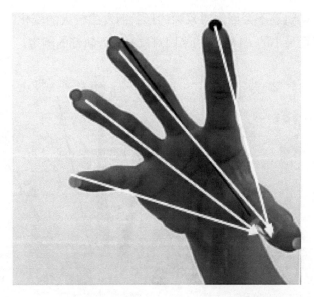

图 2.2　手指运动轨迹的照片（白线为每根手指的运动轨迹）

2.2.2 抓取对象的选定

　　为了调查拍摄时抓取的对象物是否对手指的运动轨迹有影响，分别准备了半径为 $R15mm$、$R25mm$、$R40mm$ 的半圆，如图 2.3 所示。让拇指接触半圆对象物的中心点，并进行了不看对象物抓取的动作。试验方法与 2.1 节相同，试验次数分别为 6 次。

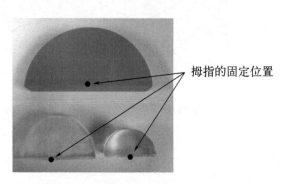

图 2.3　抓取对象物的半圆（$R15mm$、$R25mm$、$R40mm$）

　　测定结果如图 2.4～图 2.6 所示，分别代表半径 $R15mm$、$R25mm$、$R40mm$ 的运动轨迹图。由于轨迹的大小变化较少，因此可以认为手指的运动轨迹不会因为对象物的形状而发生较大的变化。在本实验中，使用半径最小的 $R15mm$ 的半圆对象物进行轨迹的测定。

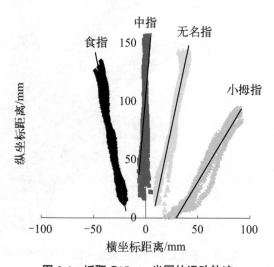

图 2.4　抓取 $R15mm$ 半圆的运动轨迹

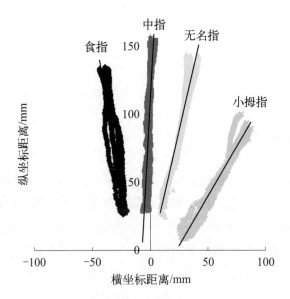

图 2.5　抓取 *R*25mm 半圆的运动轨迹

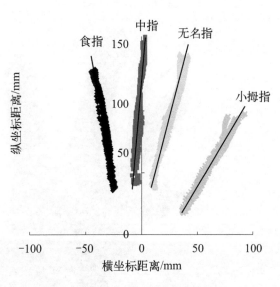

图 2.6　抓取 *R*40mm 半圆的运动轨迹

2.3
轨迹解析

2.3.1 解析轨迹概要

拍摄的指尖轨迹的动画使用 DIRECT 公司制造的 DIPP MOTION XD 软件进行运动轨迹的数据解析。该软件可以根据颜色的浓淡，测量从食指到小指指尖的轨迹，并将其标记为坐标。实际的解析过程图如图 2.7 所示，以拇指的接触部分为中心点，即坐标原点。由于开发的实验设备的可移动部分为直线运动，从坐标数据绘制了 4 条近似直线（图 2.8）。分别得到食指、中指、无名指、小指的近似直线，将每名被试者抓取物体的数据对应在实验装置中，为每名被试者的手指间创造最佳的抓取物体状态。

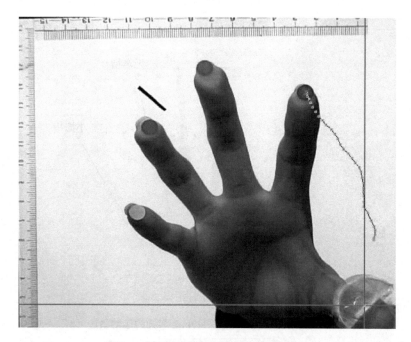

图 2.7 被试者抓取半圆的轨迹测量照片

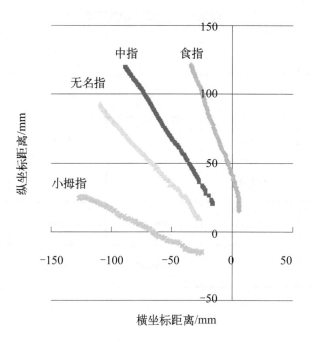

图 2.8　各手指抓取半圆的运动轨迹近似直线

2.3.2 近似直线和坐标变换

通过 DIPP MOTION XD 取得的坐标用于呈现各个被试者手指间的状态，每名被试者收集 11 次试验的数据，所以需要进行坐标变换。

如图 2.8 所示，食指的运动轨迹呈现非线性运动；几乎所有被试者中指的运动趋势为近似直线，并向着原点，即半圆的中心接触位置；表 2.1 表示各个手指间的相关系数值，且偏差较小。因此，可以假设中指的运动轨迹为朝向原点的直线，进行了以中指轨迹为基准的坐标变换。首先，用摄像机从手掌面进行拍摄，由于需要手背面的数据，所以将坐标数据变换成 y 轴对称的数据，如图 2.9 所示，中指的近似直线与 y 轴呈 θ 的角度，在原点中心取得的坐标数据 θ 通过旋转 1 圈，使中指的近似直线与 y 轴相重叠。每 1 次试验进行变换，将全部 11 个数据表示为一个曲线图，如图 2.10 所示，汇总了全部 11 次试验数据，并求出 4 条近似直线。

表2.1　各手指的相关系数

被试者	食指	中指	无名指	小拇指
A	0.8775	0.9872	0.9964	0.9872
B	0.8101	0.9564	0.9362	0.9703
C	0.9005	0.9969	0.9956	0.9319
D	0.9371	0.9980	0.9950	0.9635
平均值	0.8813	0.9846	0.9808	0.9632

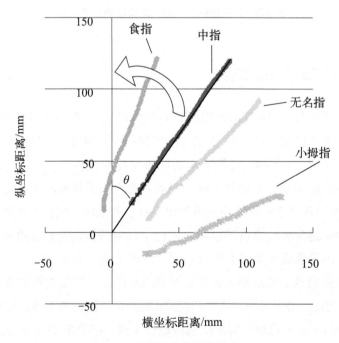

图 2.9　围绕原点旋转的角度 θ

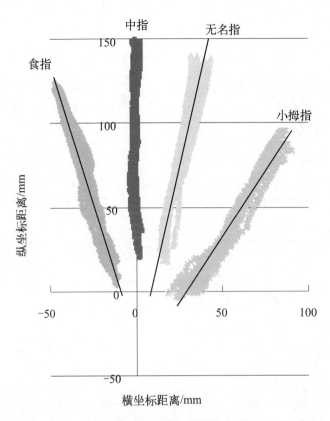

图 2.10　一名被试者的手指抓握物体的轨迹数据（11 次试验）

2.3.3　被试者手指运动轨迹结果

　　10 名被试者的手指运动轨迹结果如图 2.11 所示，分别将 11 次试验的数据汇总成一个图表，并显示各个手指运动轨迹的近似直线。横坐标、纵坐标均为实际运动距离，中指的运动轨迹与 y 轴重合。如图 2.11（a）所示的近似直线从左至右依次为食指、无名指、小拇指。实验数据也证明了运动轨迹的种类因人而异。但是，几名被试者的食指、中指、无名指的轨迹几乎在一点上相交。

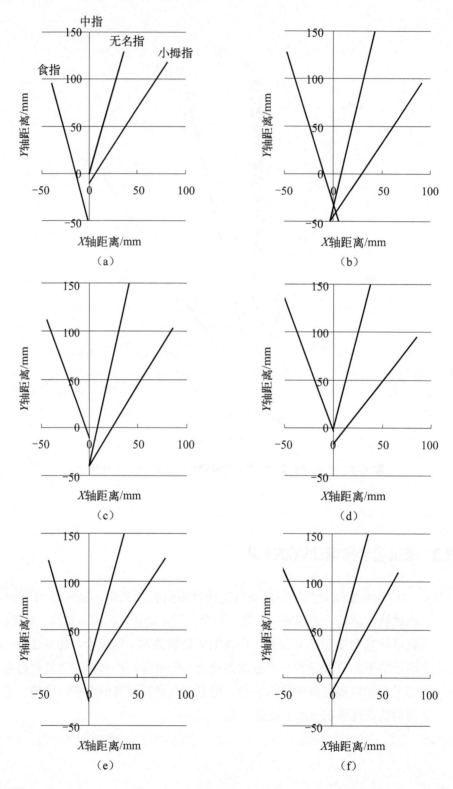

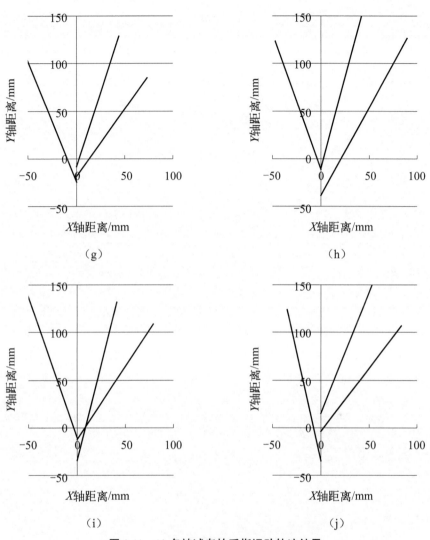

图 2.11 10 名被试者的手指运动轨迹结果

第 **3** 章
实验装置

3.1
装置概要

    本研究使用的实验装置如图 3.1 所示，由大拇指的接触部和食指、中指、无名指、小拇指的接触部构成整个单元。大拇指的接触部单独固定，其他手指的接触部可移动。通过滑块的移动，呈现拇指和其他手指间的长度，一个独立单元的长度呈现装置的构成如图 3.2 所示。组成部分分别为步进式电机、联轴器、滑动螺钉、导轨、轴承、滑块及手指接触部。使用的步进电机为 5 相步进电机，保持转矩为 0.24N・m。滑动螺钉的结构如图 3.3 所示。通过滑动丝杠的杆进行旋转，树脂滑块能够进行直线运动，引线（1 次旋转中的移动量）为 24mm，直径为 8.0mm。轴承连接滑动螺钉一端，导轨及滑块由丙烯酸自制。通过电机旋转，滑动螺钉经由联轴器旋转，滑块沿着轨道进行移动。

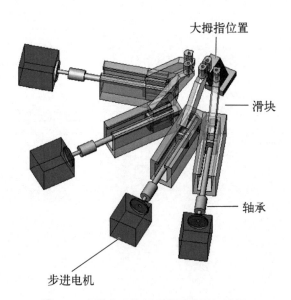

图 3.1　四自由度的长度呈现装置概述图

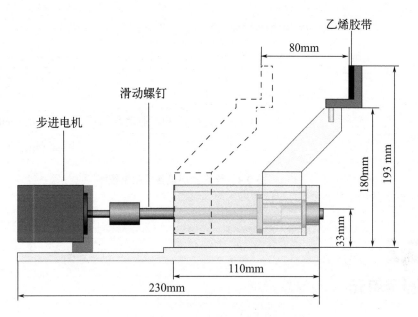

乙烯胶带

80mm

步进电机

滑动螺钉

193 mm

180mm

33mm

110mm

230mm

图 **3.2**　独立单元的长度呈现装置构成图

图 **3.3**　滑动螺钉

　　本研究使用装置的系统构成如图 3.4 所示，由计算机控制电机的旋转；电机控制器使用 COSMOTEC 公司生产的 4 轴控制器（USPG-48USB 接口）；电机驱动器使用该公司生产的 2 轴驱动器；Microsoft 公司生产的 Visual Basic 6 制作的程序从电脑发送指令控制整个系统装置。

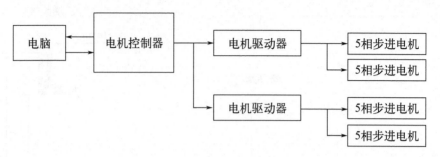

图 3.4 长度呈现设备控制系统图

3.2

固定单元

单元和大拇指接触部的固定底板如图 3.5 所示，底板的材质是丙烯，为了单元的固定及位置的调节开了相应的孔，每个孔的直径为 φ6mm，每行有 8 个孔。固定方法如图 3.6 所示，将板按压在轨道部分，使用 M6 的螺栓、螺母从两侧紧固进行固定。为了较少振动和防止螺栓锁得过紧，在底座和单元接触部之间夹有海绵橡胶。实际照片如图 3.7 所示，装置整体照片如图 3.8 所示。

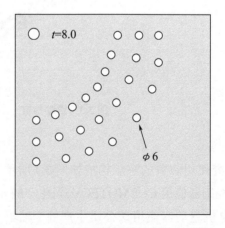

图 3.5 长度呈现装置的固定板（底板）

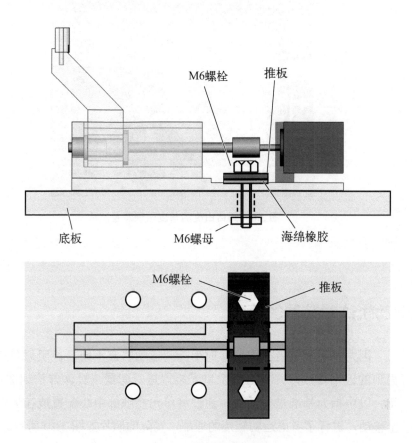

图 3.6 底板固定方法

图 3.7 固定单元照片

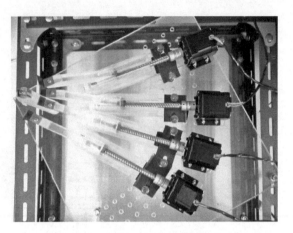

图 3.8　四自由度的长度呈现装置照片

3.3
手指运动轨迹对装置的适配

　　因为每名被试者抓取物体时手指间运动轨迹不同，参照每名被试者得到的近似直线，并针对每个单元装置进行配置，具体方法如图 3.9 所示。以中指为基准进行适配，通过将单元接触部中心配置成在近似直线上移动，进行了考虑运动轨迹的适配，实际的照片如图 3.10 所示。

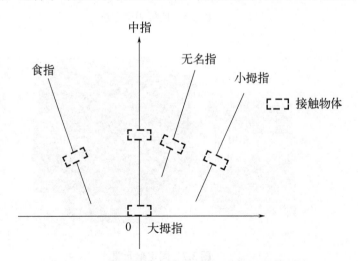

图 3.9　根据每名被试者的手指运动轨迹适配装置

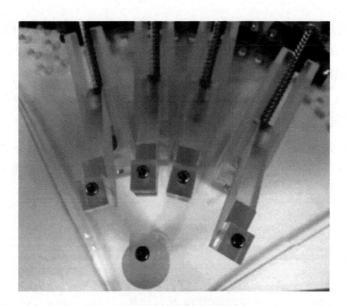

图 3.10　适配状态照片

3.4
手指移动距离计算方法

如果手指接触部的移动轨迹是通过原点的直线，则呈现距离的变化量与电机的移动距离相同。然而，如果运动轨迹呈截距状态时，电机接触部的移动距离与呈现距离的变化有差异。因此，预先进行了考虑该差异的计算。

如图 3.11 所示，A 为 L_1 的呈现长度，B

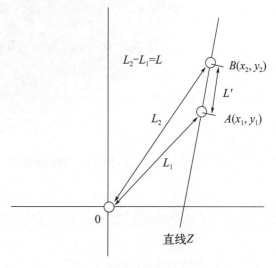

图 3.11　移动距离计算方法

为 L_2 的呈现长度。此时，进行电机旋转与运动距离相匹配的计算。随着电机的旋转，接触部移动，并通过直线 Z，直线 Z 的方程式为 $y=ax+b$，必须移动的距离设定为 L'。

L_1、L_2 是所提示的距离，因此是已知的值，只要是该距离且位于直线 Z 通过的位置即可，因此将该位置设为 $A(x_1, y_1)$、$B(x_2, y_2)$。计算公式为 $x^2+y^2=L^2$ 和 $y=ax+b$。直线 Z 的 a、b 是求出的近似直线，在 L 中代入 L_1、L_2，求解方程式。最终求出 x_1、y_1、x_2、y_2，算出 L' 的值。

3.5

其他部件

另外，设备中使用的其他主要部件，例如，电机控制器及驱动器，如图 3.12 所示。

图 3.12　电机控制器、驱动器内部构造

第 **4** 章

**五根手指长度
感知实验**

4.1
实验目的

本实验的目的为通过指间的触觉研究人类对于长度感知的特性。通过再现5根手指与现实生活中的形状认知相同的状态，调查人类如何使用5根手指感知长度。另外，分别呈现不同的长度和相同的长度，调查5根手指如何相互协作进行长度感知。本实验具体呈现的长度示意图如图 4.1 所示，长度定义为大拇指与其他手指间接触面中心的长度。将大拇指和食指间长度设为 T-I，将大拇指和中指、无名指、小拇指间长度分别设为 T-M、T-R、T-L，以下同。

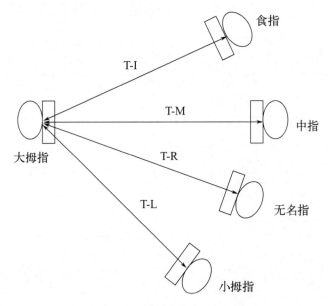

图 4.1　手指间长度感知示意图

实验内容具体分为两种，一种是对手指间呈现相同大小长度实验，称为1种长度感知实验。另一种是对4根手指间分别呈现不同长度的实验，称为4种长度感知实验。最终，探究与1种长度感知实验区别和手指间相互作用。

4.2

实验方法

4.2.1　相同长度感知实验

相同长度（1 种长度）感知实验向被试者指尖呈现 15 种相同大小的长度刺激。长度刺激为 T-I=T-M=T-R=T-L=A，分别为 A=30mm、35mm、40mm、45mm、50mm、55mm、60mm、65mm、70mm、75mm、80mm、85mm、90mm、95mm、100mm。

4.2.2　不同长度感知实验

当被试者的手以不自然的姿势识别长度时，与自然状态下手的姿势相比，知觉精度有可能下降，因此向被试者呈现的长度为自然状态下手的抓握物体的姿势。图 4.2 表示某一时间指尖的位置图。由于被试者是按照自己的习惯移动手钳抓物体的，那个位置应该可以认为是自然的状态。根据第 3 章中解析的指尖坐标数据，可以得出某一时间的指间长度。

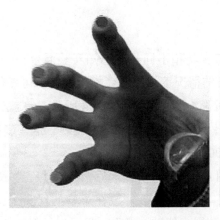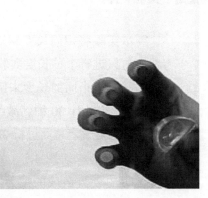

图 4.2　手指钳抓半圆时指尖的位置图

如图 4.3 所示，当被试者钳抓半圆时，当 T-M 的距离为 30mm、35mm、40mm、45mm、50mm、55mm、60mm、65mm、70mm、75mm、80mm、85mm、90mm、95mm、100mm 时，计算出其他手指间（T-I、T-R、T-L）的距离，并将此作为实验中的呈现长度。将得到的 T-I、T-R、T-L 和对应的 T-M 作为一个组合，呈现的种类为 15 种。

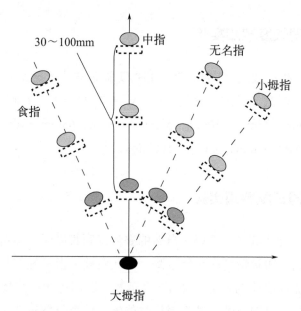

图 4.3　不同长度感知实验的呈现长度示意图

4.2.3　实验内容

本实验将相同长度感知实验和不同长度感知实验混合在一起进行，理由为只进行 1 种长度实验的情况下，被试者根据经验有可能仅使用拇指和某个手指间的长度来回答 4 个长度。如图 4.4 所示，60 次试验设为 1 组，其中共计 30 种刺激各重复 2 次，全部随机呈现。这些刺激分成 5 组，每名被试者总共进行 300 次试验。

实验整体如图 4.5、图 4.6 所示，为了缓解实验过程中长时间保持一定的姿势造成的疲劳，被试者将手臂放在柔软的枕头上。用隔板（partition wall）包围起实验装置，使被试者看不见呈现长度部分。

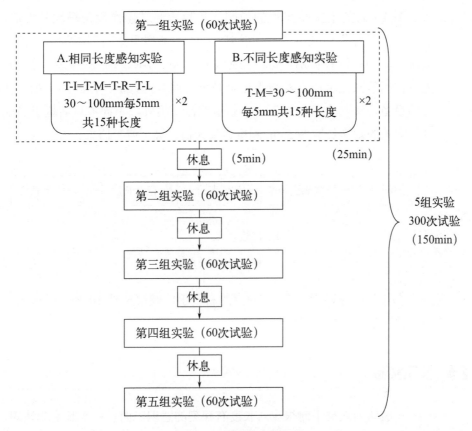

图 4.4 具体的实验组成

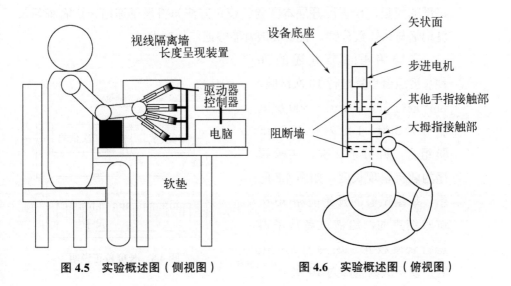

图 4.5 实验概述图（侧视图）   图 4.6 实验概述图（俯视图）

图 4.7 为关于实验步骤的说明，实验者通过操作设备呈现长度后，让被试者抓住呈现长度，并回答其大小值。4 根手指的回答顺序由被试者决定，如果没有特别规定，按照 T-I、T-M、T-R、T-L 的顺序，以 mm 为单位回答长度大小。实验者记录被试者回答的数值，回答后手指离开实验设备，实验者再出示下一个长度刺激。另外，不向被试者提供长度感知实验的刺激长度为 5mm 刻度、最大值、最小值等信息。

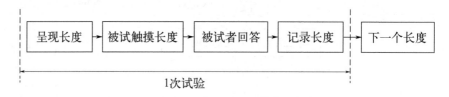

图 4.7　实验步骤

本实验的被试者为 21～30 岁的右利手，健康男性 10 名，所有人都没有关于触觉认知损害的报告。

4.2.4　校正实验

一般认为人类平时很少对长度有深刻的意识，而且对于长度的认知、判断尺度因人而异。在本实验中，通过提供被试者长度判断尺度，进行尺度的校正，校正后开展本实验。校正方法为将尺子递给被试者练习长度记忆与认知数分钟，直到被试者能够记住长度大小。

实验将 4.2.3 节叙述的 30 种长度组合重复进行 10 次试验，合计进行 300 次试验。300 次试验分为 5 组，1 组内有 30 种试验组合，并分成 2 次。实验顺序为随机呈现长度。如图 4.8 所示，每组试验的开始前和 30 次试验结束时，给被试者尺子再进行长度校正。因为有 5 组试验，校正次数全部为 10 次。

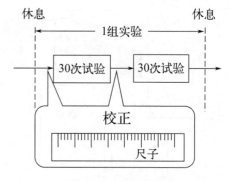

图 4.8　长度校正说明

另外，针对 4 名被试者特意不进行长度校正，最终对比有校正和无校正的长度感知差异。

4.3
实验结果

相同长度（个人平均·整体平均）、不同长度（个人·中指整体平均）两个实验结果的比较如下所示。

4.3.1　相同长度实验结果

4.3.1.1　个体结果

图 4.9 代表 2 名被试者的大拇指和食指间长度感知的个体结果。横坐标为实际呈现长度，纵坐标为被试者感知长度。45°斜线代表横坐标与纵坐标值相同的含义，散点为每个呈现长度感知 10 次的平均值。虽然多少有些偏差，可以看出 2 名被试者都呈现直线的倾向。

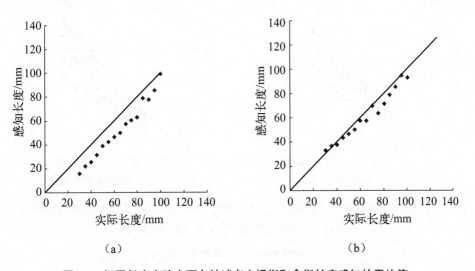

（a）　　　　　　　　　　　（b）

图 4.9　相同长度实验中两名被试者大拇指和食指长度感知的平均值

图 4.10 表示 10 名被试者感知长度平均值，散点为 10 名被试者分别感知到的长度。大拇指与食指感知到的长度比实际长度短（散点分布位于 45°斜线下方）。由于大拇指与其他手指间呈现的长度大小相同，感知长度的大小和倾向也几乎相同。

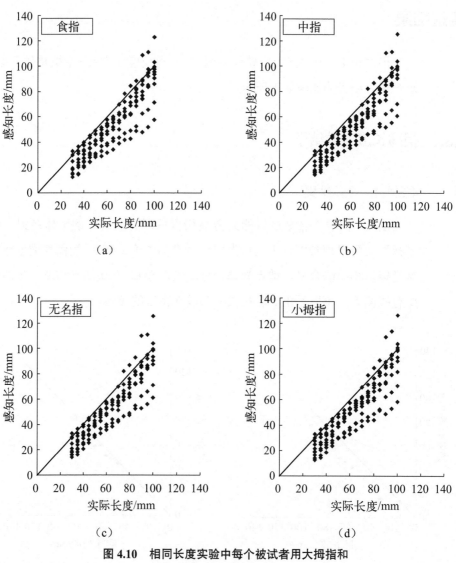

图 4.10   相同长度实验中每个被试者用大拇指和
其他手指感知长度的平均值

4.3.1.2　全体结果

　　图 4.11 表示 10 名被试者的长度感知平均值。横坐标为实际呈现长度，纵坐标为被试者感知到的长度。图中的实线代表实际长度与感知长度相同的含义。散点表示 10 名被试者感知长度的平均值，误差棒表示标准误差。

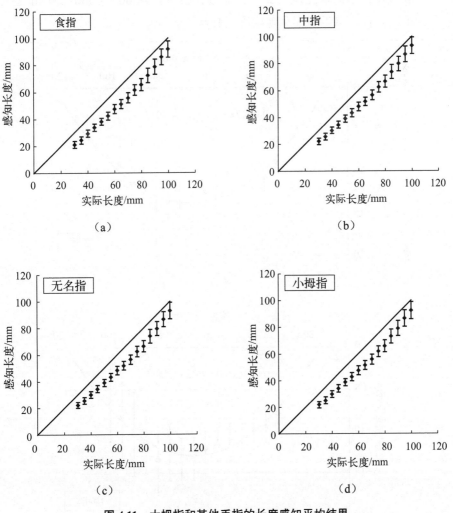

（a）　　　　　　　　　　　　　（b）

（c）　　　　　　　　　　　　　（d）

图 4.11　大拇指和其他手指的长度感知平均结果

如图 4.11 所示，5 根手指同时进行长度感知时，手指间没有显著性差异。呈现长度越短，感知误差越小。反之，呈现长度越长，感知误差也越大。

4.3.1.3　相同长度感知实验的平均误差

图 4.12 表示 10 名被试者各个手指长度感知误差的平均值，感知误差的定义为感知长度与实际呈现长度的差值，误差棒为 10 名被试者的标准误差。感知误差从 30mm 开始逐渐变大，从 60~70mm 的范围逐渐变小，并且所有手指都呈现相同的趋势。

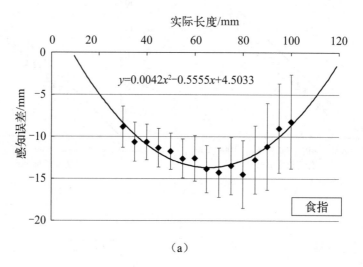

（a）

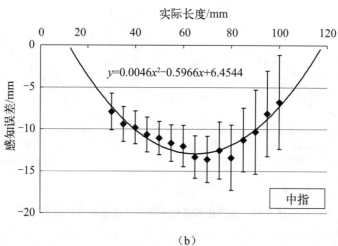

（b）

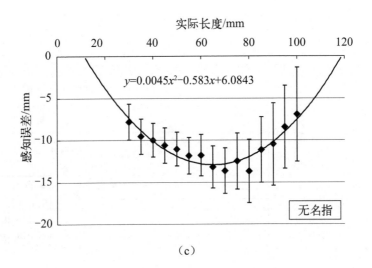

（c）

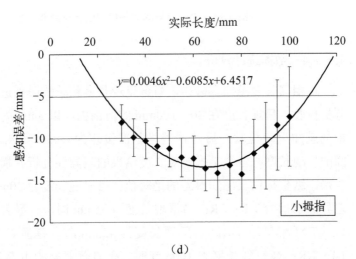

（d）

图 4.12　各手指长度感知误差的平均结果

　　图 4.13 表示大拇指与其他 4 根手指间感知误差的数据汇总。食指的感知误差稍大，每根手指的感知误差趋势几乎相同。

指尖上的触觉——基于触觉感知的长度、角度及工作记忆特征研究

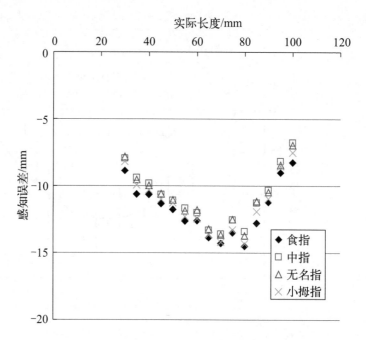

图 4.13 大拇指与其他手指间的长度感知误差

4.3.1.4 数据统计分析

在相同长度感知实验中，对各呈现长度和感知误差进行了数据统计分析检验。呈现长度在 30~100mm 的范围内，以 5mm 为间隔进行各手指的感知误差检验，显著性差异基准设定为 0.05。图 4.14 表示对于不同的呈现长度，各个手指感知长度结果的差异性分析。横坐标代表各个手指，纵坐标代表感知误差的绝对值。当呈现长度为 30mm 时，有显著差异的手指为 T-I·T-R；当呈现长度为 35mm 时，有显著差异的手指为 T-I·T-M 和 T-I·T-R；当呈现长度为 45mm 时，有显著差异的手指为 T-I·T-R；当呈现长度为 100mm 时，有显著差异的手指为 T-I·T-M 和 T-I·T-R。

T-L 与其他手指长度之间不存在显著性差异，并且与呈现长度的大小值无关。因为在回答小拇指的长度时，强烈参考了其他手指，在相同长度实验中不能感知小拇指单独的长度。相反，食指和无名指之间存在显著性差异，可以认为在 30~45mm、100mm 的呈现长度时，无名指不太参考食指。

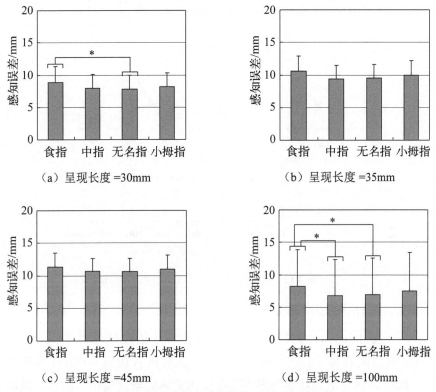

图 4.14　各个手指对于不同长度的感知差异性

4.3.1.5　感知长度斜率分析

由于呈现长度在 70mm 左右时，长度感知误差较大，因此将其分成 30~60mm 和 80~100mm 两个区间，并进行差异性数据统计分析。如图 4.15 所示，1 名被试者的相同长度感知实验结果中，将中指分成 2 个区间各自的近似直线。通过近似直线的公式，可以得到各个区间的斜率。

在某个区间计算出每名被试者的中指呈现长度和感知长度之间的斜率如图 4.16 所示。只调查中指是为了比较 4 根手指间长度的感知趋势几乎相同，以及为了比较不同长度感知实验结果。图 4.16 中（a）呈现长度 30~60mm 区间；图 4.16 中（b）呈现长度 80~100mm 区间。横坐标代表被试者序号，ALL 代表 10 名被试者平均值，纵坐标为每个被试者在区间内进行最小近似时的斜率。当斜率大于 1 时，被试者随着呈现长度的增大而感知到的长度变大。相反，当斜率小于 1 时，随着呈现长度

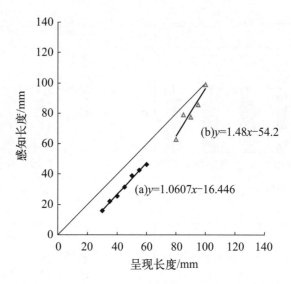

图 4.15　长度范围 30～60mm、80～100mm 斜率

的增大而感知到的长度变小。

　　图 4.16（a）的结果表明，斜率大于 1 的被试者有 3 名，斜率小于 1 的被试者有 7 名。也就是说，大多数被试者在 30～60mm 呈现长度区间内，随着呈现长度的增大而感觉比实际的增加量小。然而，从图 4.16（b）来看，大多数被试者的斜率大于 1。在 80～100mm 的呈现长度区间，与图 4.16（a）相反，长度感觉比实际的增加量大。

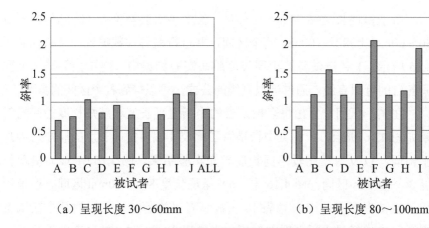

（a）呈现长度 30～60mm　　　　　　（b）呈现长度 80～100mm

图 4.16　每名被试者中指的斜率（相同长度感知实验）

4.3.2 不同长度实验结果

4.3.2.1 个体结果

图 4.17 显示 10 名被试者不同长度感知实验的平均结果，横坐标表示实际的呈现长度，纵坐标表示感知长度。45°斜线代表呈现长度与感知长度大小相等时的含义，图中描绘的点表示 10 次长度感知的平均值。与其他几根手指相比，只有小拇指的感知长度比实际呈现长度大（散点位于 45°斜线上方居多）。

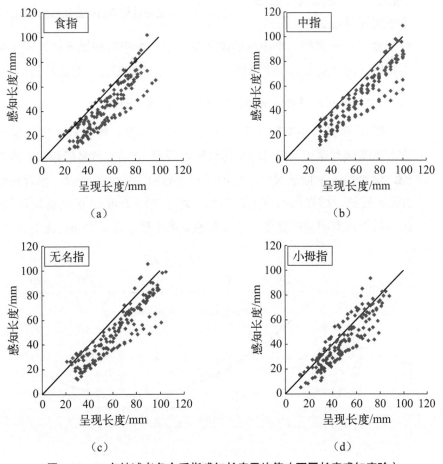

图 4.17　10 名被试者各个手指感知长度平均值（不同长度感知实验）

4.3.2.2 中指平均结果

大拇指与中指间实际呈现长度为 30～100mm 范围，以 5mm 为间隔进行实验刺激，因此，可以计算出 10 名被试者的平均值。图 4.18 表示 10 名被试者中指的长度感知平均值结果。中指实验结果与其他手指相同，感知长度值也小于实际呈现长度。另外，

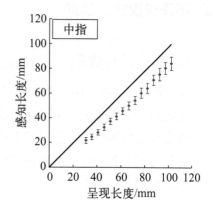

图 4.18　10 名被试者中指长度感知的平均结果

关于食指、无名指、小拇指的整体平均值，由于对被试者的呈现长度各不相同，因此受被试者个体影响较大，不能用此方法做数据解析。

4.3.2.3 不同长度感知实验的全体平均误差（中指）

图 4.19 表示中指存在具体多少的感知误差，横坐标为实际呈现长度，纵坐标为感知误差。图中描绘的点表示 10 名被试者感知误差的平均值，误差棒表示标准误差。与相同长度感知实验结果相同，呈现长度从 30mm 开始，感知误差变大。然而，对于 70～100mm 区间的呈现长度，感知误差没有明显的变化，且长度感知误差最大值在 70mm 左右。

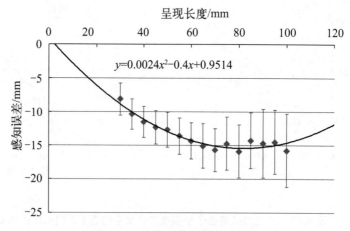

图 4.19　中指的感知误差平均值

4.3.2.4　被试者个体斜率分析

图 4.20 为每名被试者的中指在某个区间的呈现长度与感知长度斜率。图 4.20（a）呈现长度 =30～60mm；图 4.20（b）呈现长度 =80～100mm。横坐标代表每名被试者序号，ALL 为 10 名被试者斜率平均值。纵坐标代表每名被试者在区间内进行最小近似时的斜率。当斜率大于 1 时，被试者随着呈现长度的增大，感知长度也随之增大。相反，当斜率小于 1 时，随着呈现长度的增大而长度感知变小。

如图 4.20（a）所示，斜率小于 1 的被试者占大多数，其结果与相同长度感知实验相似。因此，在 30～60mm 的呈现长度区间，即使手指间呈现的 4 个长度相同或者不同，倾向性也类似。然而，图 4.20（b）表示 80～100mm 呈现长度区间的斜率与相同长度感知结果不同。相同长度感知斜率为 1.5，不同长度感知斜率为 1，且倾向性有所不同。

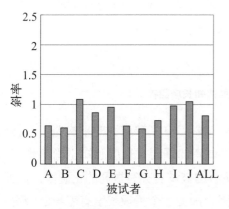

（a）呈现长度 =30～60mm

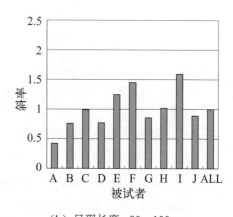

（b）呈现长度 =80～100mm

图 4.20　各个被试者斜率结果（不同长度感知）

4.3.2.5　两个长度比较

根据被试者的不同，即使向指尖同时呈现相同长度的情况下，也有 1mm、2mm 感知不同的情况。相反，例如在 T-I=50mm、T-M=53mm 情况下，有时两者都回答相同的长度。这些是很正常的现象，很多时候指间的呈现长度大小越相近，被试者越难以判断其差异性，被认为是由于被试者的长度辨别能力造成的。

因此，按图 4.21 所示进行处理。首先，对于大拇指和其他两根手指，分别将呈现的长度设为 L_{1a}、L_{2a}。如果在实际呈现的长度（actual length）下 $L_{1a} > L_{2a}$ 的关系成立，则被试者应该回答 $L_{1p} > L_{2p}$、$L_{1p}=L_{2p}$、$L_{1p} < L_{2p}$ 中的某一选项（perception length）。作为指尖的相对关系，$L_{1a} > L_{2a}$ 是正确的，因此在这种情况下，$L_{1p} > L_{2p}$ 为正确答案。此时，L_{1a} 回答为 L_{1p} 的值也可以大不相同。也就是说，仅仅聚焦于相对关系。通过这种方法，可以忽略被试者之间由于绝对长度尺度的不同带来的影响。

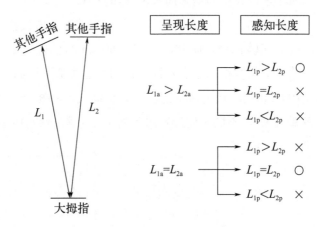

图 4.21　正确的感知长度回答定义

进行处理的结果如表 4.1 所示，表示 10 名被试者的平均值、手指间相对关系的数据，共 6 种。根据被试者的不同，长度感知正确率也有很大的差异，例如 I-M 的关系几乎所有的被试者都有很高的正确率。然而，被试者 G 的正确答率非常低。原因为即使 2 个呈现长度有差异的情况也感觉不到，回答相同长度的情况很多。这种倾向性很大程度上取决于被试者的性格。

表 4.1　两个长度的相对关系

项目	I-M	M-R	R-L	I-R	M-L	I-L
A	100	45	99	100	99	66
B	97	55	28	86	73	35
C	99	23	45	82	59	7

续表

项目	I-M	M-R	R-L	I-R	M-L	I-L
D	100	7	95	100	95	55
E	82	80	93	81	95	55
F	64	3	99	59	99	67
G	9	9	46	3	35	37
H	97	59	69	63	99	20
I	85	33	95	19	97	79
J	99	41	73	96	77	43
平均值	83	35	74	69	83	46

4.3.2.6 基于误差修正的长度比较

上一节中，每名被试者可以计算出 2 个长度的相对关系。然而，如表 4.1 的被试者 G 那样，在相对长度较短的情况下，如果两个长度都回答相同，则与回答不同的被试者相比，正确率大不相同。因此，重新进行了定义。如果相对长度小到一定程度，则在回答 2 个长度都相同的情况下也作为正确答案。

具体的定义如图 4.22 所示。$L_{1a} > L_{2a}$ 时，L_{1a} 和 L_{2a} 的长度是大于 D 还是小于 D，进行条件区分。为了方便起见，将 D 称为误差修正。L_{1a} 和

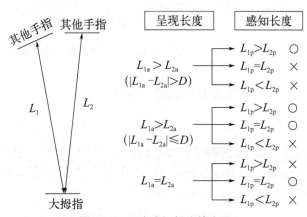

图 4.22 正确感知长度的定义

L_{2a} 的差为 D 以下时，感知长度 $L_{1p}=L_{2p}$ 也作为正确答案。通过添加误差修正 D 的条件，能够更详细地进行 2 个长度的比较。D 的值为 3.0mm、5.0mm、10.0mm。

图 4.23 表示误差修正和正确率的关系，当 $D=0$ 时，低的正确率通过误差校正而上升。I-M 在 $D=0$ 的条件下也显示出高的数值，但 $D=10$mm 时几乎接近 100%。也就是说，在食指和中指的两个长度感知中，几乎可以识别 10mm 的差异。相反，I-L 即食指和小拇指的 2 个长度感知即使存在 10mm 的差异也无法识别。

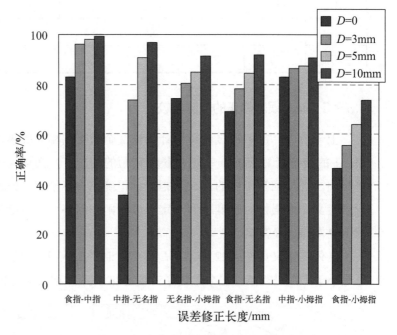

图 4.23　正确答案和错误修正的准确性

4.3.2.7　长度比较及感知能力的讨论

接下来，进一步研究 I-M、M-R、R-L、I-R、M-L、I-L。以 2 个长度的实际差值（actual length gap）作为横坐标，以被试者回答的长度差值（perceptual length gap）为纵坐标，表示为图 4.24（a）～（f）。（a）对应于 I-M、（b）对应于 M-R、（c）对应于 R-L、（d）对应于 I-R、（e）对应于 M-L、（f）对应于 I-L。图中每名被试者有 150 个样本数，因为是 10 人份的数据，所以共计 1500 个样本量。图中的实线为回归直线，下面的公式为回归公式。回归直线通过原点，斜率为 1 时，被试者有百分之百的知觉能力。从 6 个分图来看，6 个回归直线的斜率都低于 1。也就是说，由大拇指和其他两个手指感知到的长度之差比实际长度的差小。

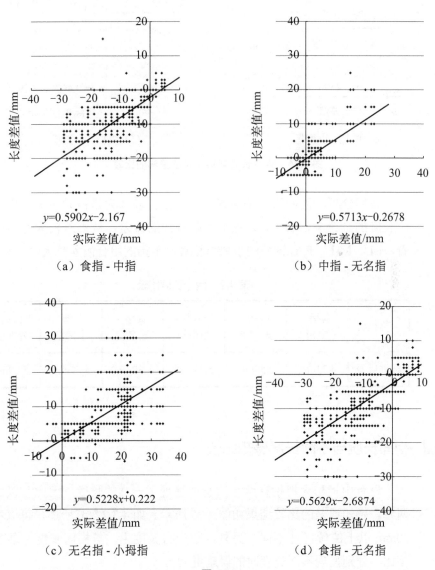

（a）食指 - 中指

（b）中指 - 无名指

（c）无名指 - 小拇指

（d）食指 - 无名指

图 **4.24**

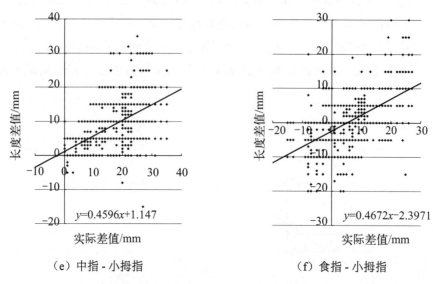

（e）中指 - 小拇指　　　　　　　　　（f）食指 - 小拇指

图 4.24　实际长度与感知长度差异的比较

我们分析了回归直线的偏差，标准偏差被认为是被试者能够感知两个长度的分辨率，表 4.2 为各个回归直线的偏差。从偏差较大的组合来看，I-L、M-L、R-L 这样的小拇指和其他手指的组合偏差较大。

表 4.2　两个长度比较

手指组合	食指 - 中指	中指 - 无名指	无名指 - 小拇指	食指 - 无名指	中指 - 小拇指	食指 - 小拇指
标准误差	4.33mm	2.58mm	5.31mm	4.32mm	5.62mm	5.29mm

4.3.3　相同长度与不同长度感知比较

只有中指和大拇指在两个实验中呈现了一样的长度，因此可以比较两者。感知误差的比较结果如图 4.25 所示。如 4.3.2.2 节所述，可以看出 70mm 以上的倾向性不同。另外，在所有长度中，与相同长度呈现条件相比，分别呈现不同长度时的误差更大。

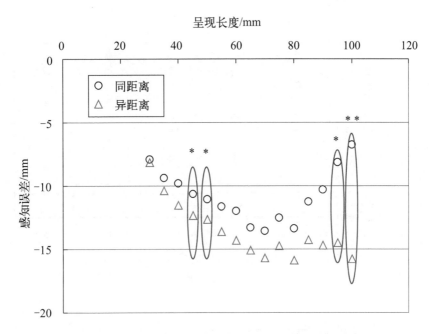

图 4.25　中指感知误差在相同长度和不同长度实验中的比较

　　最后，进行了显著性差异检验。结果表明，当呈现长度为 45mm、50mm、95mm 时表现出显著性差异，当呈现长度 100mm 时表现出较强的显著性差异。

　　为了调查试验次数是否对长度感知有影响，针对试验次数与感知误差的关系进行了分组解析，能够直观地显示感知误差的变化量。图 4.26 表示各个组的编号与感知误差的关系，横坐标代表各组编号，纵坐标代表感知误差。将 300 次试验分成 5 组，1 组中有 15 种相同长度刺激重复 2 次和 15 种不同长度刺激重复 2 次，共计 60 次试验随机向被试者呈现。从图中可以看出，大部分被试者感知的长度小于实际呈现的长度。根据 5 组试验情况分析，10 名被试者的感知误差结果变化没有因为试验组数的不同，而受到太大的影响。由此推测，被试者的学习效果几乎没有发现。另外，没有特别观察到手指感知误差的差异性。

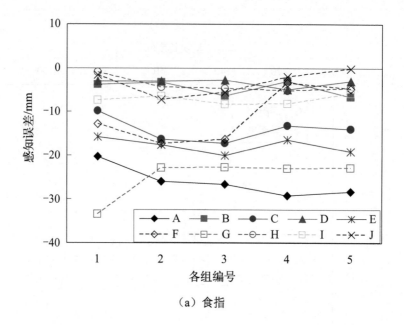

（a）食指

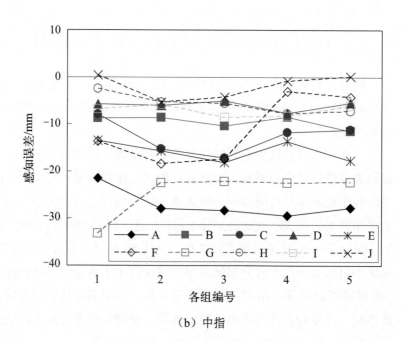

（b）中指

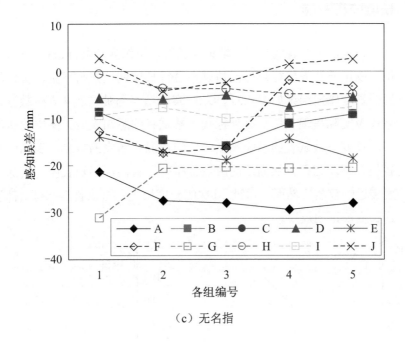

（c）无名指

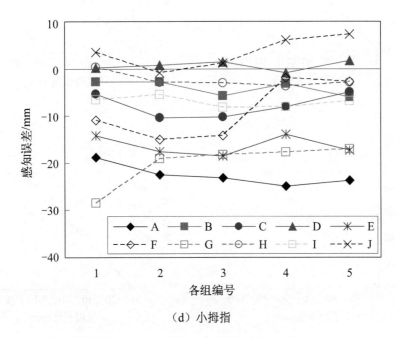

（d）小拇指

图 4.26 10 名被试者各个手指组间感知误差变化

4.3.4 长度校正影响

为了让被试者能够很好地记住长度，每组实验共计进行 10 次长度校正。校正方法为将标尺递给被试者进行长度的认知与记忆，具体的校正后的长度感知结果如图 4.27 所示。实验结果为被试者 4 人份数据，横坐标代表实际呈现长度，纵坐标代表被试者的感知长度。图中的实线表示实际长度与被试者的感知长度一致的情况。图中的描绘点表示所有被试者长度感知结果。从描绘的散点分布可以看出，感知长度与实际呈现长度接近的较多。然而，通过 10 次的长度校正，可以看出所有人都没有得到长度校正的效果。

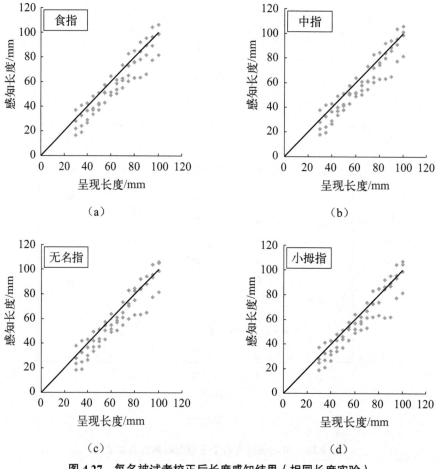

图 4.27　每名被试者校正后长度感知结果（相同长度实验）

图 4.28 表示的是 4 名被试者校正后的长度感知平均值，图中的竖条是标准误差。与未校正的数据相比，更加接近正确的值，在呈现长度为30mm 或 100mm 时，根据手指的不同，呈示长度为大致正确的值。然而，标准误差比没有校正的情况变大，可以认为是由于校正而引起的较大数值的变化。

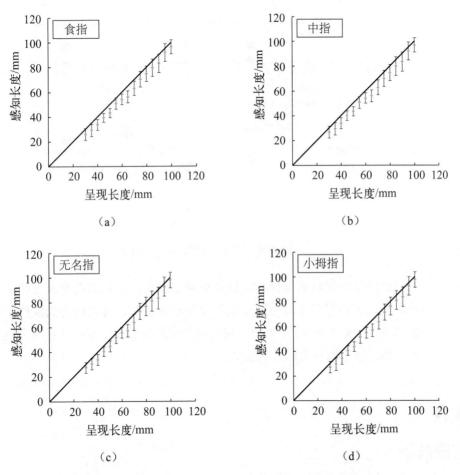

（a）　　　　　　　　　　　　　　（b）

（c）　　　　　　　　　　　　　　（d）

图 4.28　所有被试者校正后平均感知结果（相同长度实验）

图 4.29 为比较通过校正的被试者与没有校正的被试者感知误差的差异性。横坐标为各组编号，纵坐标为感知误差的平均值。具体为没有使用标尺进行校准的 4 名被试者（虚线），以及使用标尺进行校准的被试者（实线）。另外，考虑到学习效果的影响，在间隔 1 个月的时间内进行了实验。

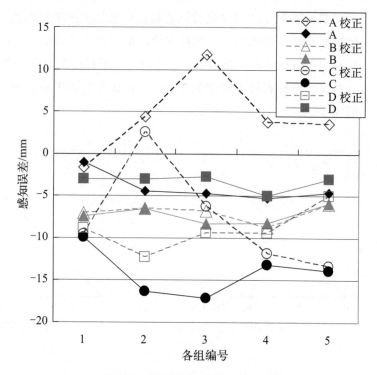

图 4.29　有无校正的感知误差比较

虽然认为通过长度校正，感知误差会变小，实际上没有发现明显的差异。在试验的第 2 组中感知误差发生较大变化，可以认为长度校正的影响最大。到了第 4、5 组时，感知误差值趋向稳定，这可能是因为被试者开始对长度有一定程度的感觉。

4.4
数据解析

4.4.1　指尖轨迹关系

由于 4 根手指的长度呈现单元和倾斜度因被试者而异，与中指滑块绘制的轨迹垂直相交的线设定成水平线，其他手指运动轨迹与水平线的角度定义为倾斜角度,即斜率,如图 4.30 所示。另外,将中指滑块轨道与各线相交的部分作为截距,分别研究与感知误差的关系。

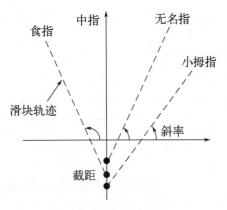

图 4.30 斜率与截距定义

关于倾斜角度和感知误差的结果如图 4.31 所示,横坐标代表倾斜角度的散点,纵坐标代表被试者各个手指的感知误差。仅从图示来看,很难看出两者有很大关系。

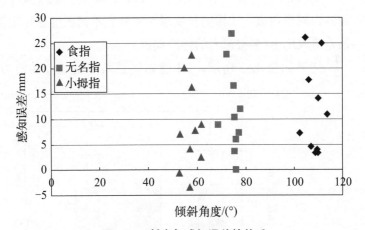

图 4.31 斜率与感知误差的关系

图 4.32 表示被试者各个手指的平均感知误差与截距的关系。以各手指的平均感知误差为纵坐标,以截距为横坐标,可以认为感知误差与截距没有很大的关联性。

由于各手指的滑块应该描绘出与被试者一致的轨道,因此根据以上的结果,认为不存在感知误差变小的最佳倾斜角度和截距。

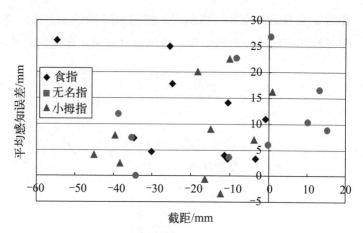

图 4.32 截距与平均感知误差的关系

4.4.2 手指间差异性

为了调查手指间的相互关系，进行了有意义的差异检验。检验使用统计处理软件 SPSS，显著水平为 0.05。解析了 10 名被试者各 300 次试验的误差平均值，即相同长度感知实验和不同长度感知实验结果。另外，误差棒表示 10 名被试者的标准误差。

结果如图 4.33 所示，T-I 感知误差与 T-M 或 T-R 没有显著性差异。

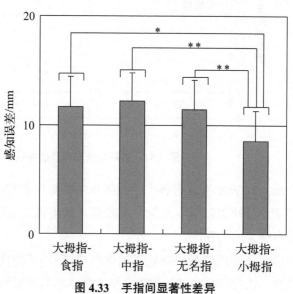

图 4.33 手指间显著性差异

然而，与 T-L 感知误差相比，得到了有效概率 0.002 的显著性差异。同样，T-I 感知误差与 T-M 及 T-R 分别确认为有效概率 0.0008 的显著性差异，在其他组合中未发现显著差异。

4.4.3 前次试验对感知长度的影响

本节讨论第 n 个呈现长度是否受前一个试验 $n-1$ 长度的影响。图 4.34 表示关于 4 名被试者前后长度差和感知误差的散布图。横坐标为

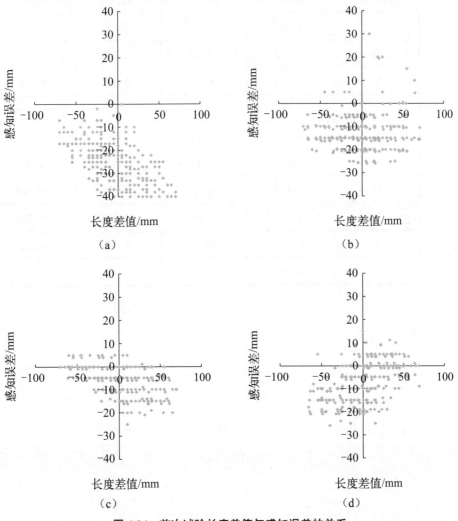

图 4.34 前次试验长度差值与感知误差的关系

$\Delta L=L_n-L_{n-1}$，即取前一个呈现长度和下一个呈现长度之差，纵坐标为长度感知误差。散点反映 4 名被试者全部试验，每张图有 300 个散点。

根据被试者的不同，倾向性完全不同，所以整体来看没有明确的倾向性，认为是被试者个人误差较大所造成的。根据表 4.3 所示的相关系数结果，整体来看没有倾向性，每个被试者之间有倾向性。因此，可以认为由于个人误差引起的可能性较大。

表 4.3　前次试验的长度差值与感知误差的相关系数

被试者	食指	中指	无名指	小拇指
A	−0.567	−0.611	−0.602	−0.620
B	−0.172	−0.121	−0.006	0.234
C	−0.052	0.003	0.082	0.086
D	−0.533	−0.556	−0.578	−0.400
E	0.279	0.318	0.206	0.108
F	0.008	0.017	0.032	−0.007
G	−0.410	−0.421	−0.419	−0.369
H	−0.120	−0.289	−0.345	−0.238
I	0.417	0.406	0.425	0.232
J	0.490	0.503	0.432	0.386

第 **5** 章
五根手指长度
感知实验讨论

5.1
相同长度感知实验

根据图 4.11 结果表明，当呈现长度在 30～100mm 范围内，手指间的感知长度小于实际的呈现长度。这种倾向性在大拇指和其他手指的任意组合中都发生了。另外，感知误差从 30mm 开始逐渐变大，但在 60～70mm 范围内表现出最大值，此后误差逐渐变小。即使增加参与长度感知的手指数量，也不会对长度感知结果产生影响。本实验结果标准偏差比 3 根手指的实验结果大，这被认为是由于被试者的注意力集中程度造成的。虽然在 3 根手指实验中只回答了 1 个长度，但在本实验中，每 1 次试验回答 4 个长度，因此认为由于对 1 个长度的注意力变低，所以偏差值变大。

如果对每个被试者分为呈现长度 30～60mm 区间和 80～100mm 区间，调查各个区间的近似直线斜率（perceptual length/actual length），则前者随着呈现长度的增大而感觉到比实际的增加量小，后者感觉到比增加量大，一般认为在 70mm 左右发生了长度感知倾向性变换。

显著性差异检验结果表明，即使在呈现相同长度的情况下，手指间也存在显著性差异。呈现长度在 30mm、40mm、45mm、100mm 时，存在显著差异的是大拇指与食指（T-I）和大拇指与中指（T-M）、大拇指与无名指（T-R）。小拇指的显著差异在任何呈现长度下都没有发现，认为因为不只用小拇指判断长度，而是参考其他手指进行了回答。因此，在呈现相同长度的情况下，可以认为被试者不太使用小拇指本身感知长度。

5.2
不同长度感知实验

不同长度感知实验结果与相同长度感知实验相同，在 30～100mm 的呈现长度下，感知结果比实际呈现的长度更短。然而，4 根手指的偏差分布多少有些不同，特别是食指、中指、无名指分布类似，但小拇指总体上比其他 3 根手指感知长度更长。因为在相同长度感知实验中，当 4 根手指感受到指尖距离相同的瞬间，不考虑无名指和小拇指间感知结果，全部回答为相同的长度。然而，当指尖感受到 4 根手指间距离不同时，被试者会分别回答手指间不同长度的大小值。小拇指的感知长度与其他手指不同，与平时不怎么使用小拇指进行长度感知有关。小拇指更多起着辅助其他手指，保持动作稳定性的作用。

根据中指的被试者全体平均误差结果，与相同长度感知实验结果相同，感知误差从 30mm 变大，但从 60～70mm 开始，误差没有减小，显示出相同程度的感知误差。如果将长度区间与相同长度感知实验同样地划分，则 30～60mm 区间显示相同的倾向性，但在 80～100mm 区间与相同长度感知实验结果相比，斜率变化不太大。因此，如图 4.19 所示，当呈现长度较大时，相同长度和不同长度实验的结果表现出差异性。当呈现长度在较短的范围内，无论 4 根手指间呈现的是相同长度还是不同长度，都以同样的方式感知。然而，当呈现长度在较长的范围内，两者表现不同。

4.3.2.5 节、4.3.2.6 节表明，仅考虑相对关系时，大拇指、食指和大拇指、中指间长度的感知精度较好。这是理所当然的结果，因为这两种手指配对为人类接触对象或感知长度时使用频率最高的组合。中指和无名指因为是相邻的手指，所以预计正确率很高，但结果不同。如果将 75% 作为长度辨别阈值，则中指和无名指的位置关系在 3mm 以内不能识别长度的差异。当相差 5mm 以上时，几乎可以清楚地认识到彼此的大小关系。相反，食指和小拇指位置关系的正确率不太好。如果只比较这两个的话，有时也无法识别 10mm 的长度差异。从图表上看，小拇指与中指、小拇指与无名指位置关系的正确率较高。也就是说，小拇指长度的判断基准不是食指，特别是相邻的无名指或中指的可能性较高。而且，由于感觉不到与食指的位置关系而回答，因此可以推测为导致这种结果的原因。

根据 4.3.2.7 节实验结果，将两个呈现长度的差值与回答的长度之差作为曲线，得到回归直线。即使实际长度的差值变大，感知到的长度的差比其小。另外，通过分析回归直线的偏差，可以知道手指对于长度差异的分辨率。与偏差小的 M-R 相比，I-L、M-L、R-L 的偏差大。也就是说，小拇指不适合感知与其他手指的长度差，小拇指在长度感知方面不具有很强的能力。

5.3
相同长度与不同长度感知实验

首先，比较两者，发现不同长度感知实验结果的感知误差大于相同长度感知实验结果。可以单纯地认为由于两者的难易程度造成的误差，但 70～100mm 区间的差异如上述章节所述，出现了显著性差异。

其次，将两者以中指为基准，进行了感知误差和呈现长度的显著性差异检定，结果发现呈现长度为 45mm、50mm、95mm 时存在显著性差异，100mm 时存在较强的显著性差异。

根据 4.3.3 节结果，当观察每个实验组的误差变化时，大多数被试者波动较小，对于实验的适应性不影响长度感知结果。

根据 4.4.3 节结果，研究了与前一次试验的相关性。原本假设前一次试验和后一次试验的长度感知差异会影响实验结果。但由于个体差异太大，并没有得出影响结果的结论。

5.4
长度校正的影响

4.3.4 节研究结果表明，校准后的感知误差比未校准时小。通过长度校正，被试者进行了与呈现长度相近的回答。但通过多次校正，没有发现改善长度感知能力的倾向。按照试验组顺序分析，在第 2、3 组中感知误差有很大变化的情况很多。其原因是在第 1 组试验中被试者掌握了要领，所以在接下来的试验组中容易反映校正的效果。但是，在第 4、5 组中，长度感知结果没有发生很大变化，也表现出不怎么有接近呈现长度的倾向。被试者由于长度校正产生的学习效应使得一开始的实验组绩效得到了提高。然而，随着试验时间的增加，被试者逐渐忘记了校正后的学习效应，难以继续维持校正后的状态。所以在校正之后的试验中，确实感知误差变小，但之后的几次试验，就会回答校正前的长度值。

5.5
指尖轨迹的影响

4.4.1 节研究结果并未确认由于手的形状和动作引起的感知精度的差异性。另外，本实验中呈现的 4 个长度并非全部平行。尽管如此，在感知精度上没有发现与 4 个长度平行状态下之间大的差异。也就是说，人在感知长度时，即使手指间呈现具有角度的长度也可以进行精确感知。

在本研究中，为了了解 5 根手指同时进行长度感知时的特性，开发了使用 4 轴控制器和 4 个自由度的长度呈现装置。配置 4 个独立单元，通过移动单元内的滑块，可以任意改变拇指和其他手指间的长度。在单元配置时，对每个被试者进行轨迹的摄影后，在图像解析软件中计算坐标，获得近似直线并反映在单元布置中，使得被试者能够在适合自己的环境内接受实验。

实验大致分为两种，4 根手指都呈现相同长度的感知实验和根据每个被试者的轨迹分析得到的坐标数据，确定的 4 种不同长度感知实验。从相同长度感知实验结果可知，人在感知长度时，4 根手指都有感觉比实际长度小的倾向。另外，当小拇指呈现相同长度时，难以在长度感知中作为参考手指，通常参考其他手指作为长度判断基准。

在不同长度感知实验中，与相同长度感知实验相比，感知误差稍大，但差异性更显著地表现在呈现长度范围为 80～100mm 时。随着呈现长度的增加，感知长度增加部分两者不同。相反，在 30～60mm 区间，两者没有明显的差异。我们关注大拇指和其他手指间距离，研究两个长度的相对关系。其结果表明，除了使用食指和小拇指感知 2 个长度以外，人类在手指间的相对长度为 5mm 以上时，8 成以上能够感知到长度的差异。相反，在使用食指和小拇指的情况下，很难察觉两者的长度差异。其理由为在日常生活中，食指和小拇指这两个距离最远的手指之间几乎没有机会感知物体的大小及长度，所以没有培养较好的感知长度差异的能力。另外，通过将呈现长度和实际回答的长度的差值作成图表，可以得到各个手指组合产生的感知分辨率，其结果是 M-R（中指 - 无名指）的组合分辨率最小。相反，小拇指和其他手指的组合分辨率不太好。此外，根据长度校准的实验结果，校准对被试者有影响，但校准不能显著地减小感知误差。

从上述的实验结果可知，在人类的长度感知特性中，感知到使用大拇指和其他 4 个手指的 4 个长度时，虽然存在个体误差，但其中也具有共同的感知特性。

第 **6** 章
**利手与非利手
触觉感知研究**

6.1
利手的定义及特征

利手指的是人的左右手中，先天性地优先使用的手。在日常生活中习惯性地使用的手，也被称为惯用手。例如，打乒乓球、打棒球、写字、画画、拿筷子等动作优先使用的手被判断为利手。

我国右利手的比例约88%，右利手占据多数人群。可以推测，我们的祖先可以双脚行走站立时，右手习惯性地抓拿物体，最终灵巧性变得越来越好。然而，左手起着辅助右手的作用，使动作更加稳定。Bradshaw等（1994）将利手的形成归因于大脑的半球偏向性理论。

利手和非利手动作执行和完成的运动学特征基于双侧大脑半球不同的神经网络功能和脑回路反馈机制，使得在日常生活中，习惯性地使用左右手的频率和动作完成质量存在差异性。年轻人更多地使用利手完成相对复杂的动作。

Casasanto提出了人类对于左右方位的认识是从左右两臂开始的观点。左右手臂的肌肉力量、灵活性、平衡感具有非对称性。因此，人类以左右手进行活动时会获得不同的感知和运动体验。

利手一般被认为是左右手中更能发挥作用的手。使用利手进行操作时，能够提高绩效，减少运动时间，运动轨迹更加稳定。相反，右利手的人群用左手写字时，比右手花费更多的时间；文字变大；线条变薄；文字形状的正确性和易读性变差。

6.2
研究目的

关于利手的判定方法有几种，例如，爱丁堡利手测试、滑铁卢利手问卷、阿内特利手问卷等。还有使用实际任务的测试，例如，敲击任务（tapping task）和钉板任务（pegboard task）等。

由于利手的操作精度和运动绩效优于非利手，目前，尚未了解利手和非利手的触觉长度感知的特征及差异。因此，本研究设计了利手和非利手对于长度感知的实验，并且量化了各个手指对于长度感知的特征。

6.3
实验方法

6.3.1　实验概要

本实验使用自主研发的触觉长度呈现设备（图 6.1），分别向被试者的大拇指和其他 4 根手指之间呈现不同的长度，被试者使用 2 根手指钳抓住长度并感知其大小。参与本实验的被试者共计 16 名，分成 2 组进行实验，8 名从右手、8 名从左手开始实验。根据爱丁堡利手测试的结果，全员都是右利手，利手测试的平均分为 90 分。全体都为大学本科生和研究生，平均年龄 24.18 岁。

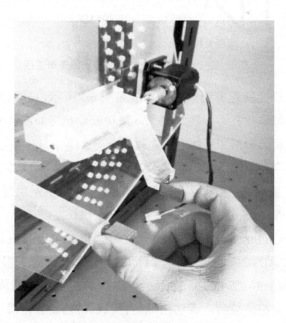

图 6.1　本实验的长度呈现设备

使用 8 种不同大小的长度，分别对利手和非利手的各个手指进行长度感知实验。被试者实验过程中戴上眼罩，通过钳抓（grasping）动作感知被呈现的长度大小，8 种不同的长度随机呈现给被试者，每个长度重复呈现 10 次，每根手指完成实验后再进行另一根手指的实验。

6.3.2 实验设备

实验设备的系统组成如图 6.2 所示，分别为电脑、电机驱动器、电机控制器、步进电机。电脑中的程序为 Microsoft 公司的 Visual Basic，通过指令该程序中提示的数值控制长度呈现装置。该设备能够实现向被试者的手指间定量化呈现长度，精度为 1mm，可调节范围为 5～200mm。

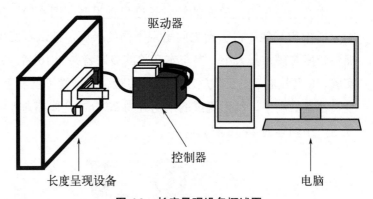

图 6.2　长度呈现设备概述图

长度呈现单元的主要构成如图 6.3 所示，分别为步进式电机、联轴器、滚珠丝杠、导轨、轴承、滑块及手指接触部。通过滑块部分的移动可以调节拇指和其他手指之间的距离。

电机控制器使用 COSMOTEC 公司生产的四轴控制器（USPG-48 USB 接口），电机驱动器使用该公司的二轴驱动器。通过滑块的移动，能够改变拇指和其他手指距离，即呈现长度。

通过滚珠丝杠的杆的旋转，树脂滑块进行直线运动，1 次旋转的移动量为 24mm，直径为 8mm。步进电机为 5 相步进电机，转矩为 0.24N·m。轴承装配于滚珠丝杠的一端，导轨及滑块由丙烯酸材料制作。随着电机的旋转，带动滚珠丝杆和联轴器旋转，滑块沿着轨道实现水平方向的移动。

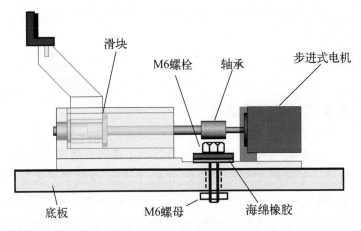

图 6.3　长度呈现单元的构成

图 6.4（a）为被试者用利手的大拇指和食指感知长度的照片，图 6.4
（b）为被试者用非利手的大拇指和食指感知长度的照片。向被试者的各
个手指呈现的长度种类有 8 种，分别是 30mm、40mm、50mm、60mm、
70mm、80mm、90mm、100mm。由于本实验的刺激全部为整数，分
别向利手和非利手的各个手指重复呈现 10 次。为了提高难度，加入了
14 种迷惑被试者的干扰刺激，分别为 31mm、34mm、46mm、49mm、
53mm、55mm、62mm、67mm、75mm、78mm、82mm、88mm、93mm、
99mm。本实验的每名被试者的长度感知次数为 8(长度种类)×10(重复
次数)×8(手指数)=640 次，干扰刺激 224 次，共计 864 次试验。实验时
间约 7h，分 4 天完成，中间有充分的休息时间。

（a）利手长度感知照片

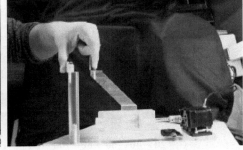

（b）非利手长度感知照片

图 6.4　利手和非利手长度感知照片

6.4
实验结果

6.4.1 各手指长度感知结果

本实验研究了 16 名被试者各个手指的长度感知能力，记录了感知长度值。长度感知平均结果如图 6.5 所示。横轴表示实际呈现的长度，纵轴表示感知到的长度值。每个长度呈现 10 次，圆点代表 10 次的平均值；误差棒代表每个长度感知 10 次的标准偏差；45°斜线的含义为呈现长度和感知长度大小相同。

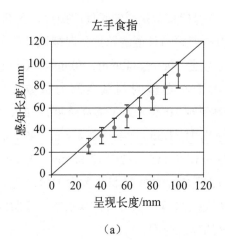

（a）

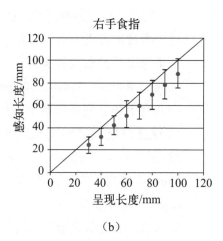

（b）

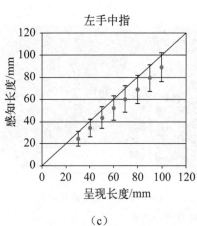

（c）

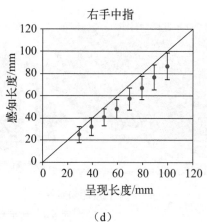

（d）

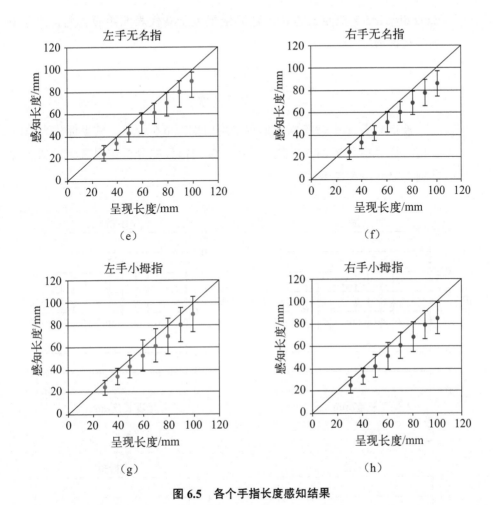

图 6.5　各个手指长度感知结果

实验结果表明，左手和右手的各个手指间的长度感知精度没有显著性差异（$p > 0.05$）。被试者在没有视觉信息摄入，只依赖于触觉感知的情况下，感知到的长度值小于实际长度（圆点分布在 45°斜线下方）。

6.4.2　偏向指数分析结果

在长度感知实验中，有必要分析左手有优势，还是右手有优势。因此，进行了偏向指数（laterality index）的分析。公式（6.1）代表 16 名被试者左手减去右手的长度感知的平均值，再除以实际呈现长度值为

Laterality Index 的定义方法。计算结果大于 0 代表左手有优势，小于 0 右手有优势。

$$偏向指数 = \frac{L-R}{呈现长度} \tag{6.1}$$

被试者各个手指的偏向指数平均值如图 6.6 所示，横坐标代表呈现长度，纵坐标代表偏向指数。然而，偏向指数的分析结果表明，利手与非利手之间没有显著性的差异。

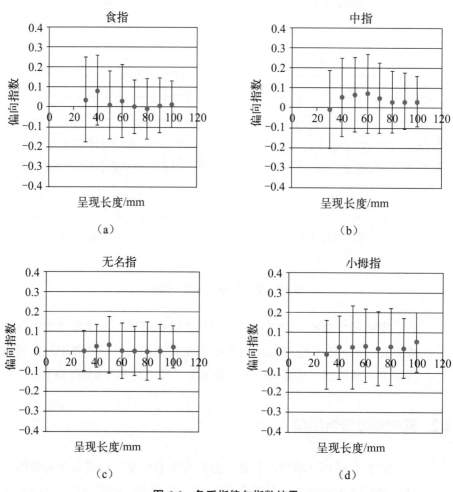

图 6.6　各手指偏向指数结果

6.4.3 长度感知倾向性分析

图 6.7 描绘了被试者 A 的 1 个实验中回答的长度次数。实验中除了每 10mm 的长度之外，还提示了虚拟刺激，但是被试者的解答每 5mm 都有偏差，没有其间的长度的解答。另外，实际上没有提示的 45mm、55mm 等，5mm 单位长度的解答，比例大致相同。

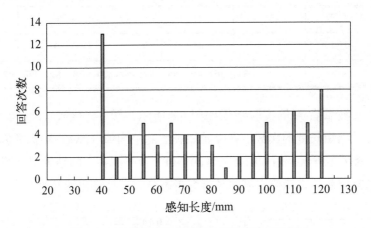

图 6.7 被试者对于感知长度的回答次数结果

本实验为被试者口头回答感知长度大小的实验，图 6.7 为被试者对于数字的喜好和感知能力的倾向性结果。横坐标为感知长度，纵坐标为实验中回答的对应长度的次数。实验中除了实际的呈现长度以外，还增加了干扰长度刺激。被试者对于感知长度值有每 5mm、10mm 为单位回答的倾向性，因此在回答感知到的长度时，数字有可能以 5mm 为单位被整数化，被试者对于数字的喜好有很大的影响。

为了确认被试者是否正确感知长度，进行了以下实验。实验中所呈现的长度如表 6.1 所示。L_e 为呈现长度的最大值和最小值，与之前呈现相同的长度范围。L_0 是本次实验中的基准长度，被试者回答最多，在后一位为 0 和 5 的长度中选择了 3 个。相对于这个长度，L_{p2} 表示大 2mm 的长度，L_{p5} 表示大 5mm 的长度。如果被试者感知长度的能力在 5mm 以下，则对于 L_0、L_{p2}、L_{p5} 的任何提示长度都回答相同的长度，其分布也无较大的差异。相反，如果被试者感知到长度，则可以认为在这 3 组回答长度的分布中，可以发现与长度对应的分布的偏差。为了确认这一点，对 $L_e \sim L_{p5}$ 范围的呈现长度分别随机呈现了 20 次，并且为了不给被试者呈现长度分布的信息，将 L_D 所示的 11 种长度分别随机呈现了 4 次。

表 6.1　对于被试者 A 具体的呈现长度　　　　单位：mm

L_e	30				100
L_0		40	65	90	
L_{p2}		42	67	92	
L_{p5}		45	70	95	
L_D	33，36，49，53，57，61，74，78，82，86，98				

被试者 A 的实验结果如图 6.8 所示。图 6.8（a）、（c）、（e）分别描绘了感知长度的次数；各个感知长度的平均值（Ave）和标准偏差（SD）如表 6.2 所示，图 6.8（b）、（d）、（f）为根据各自的结果得到的平均值和标准偏差，表示假定感知长度为正态分布而计算出的结果。

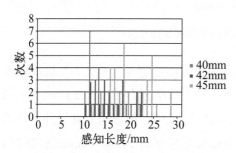

（a）呈现长度为 40mm、42mm、45mm

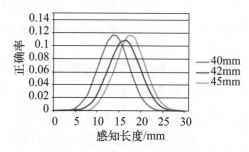

（b）感知长度的倾向性

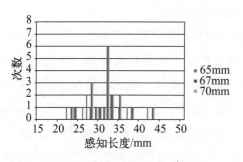

（c）呈现长度为 65mm、67mm、70mm

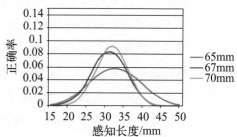

（d）感知长度的倾向性

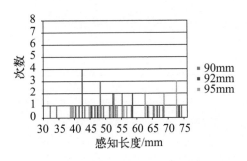

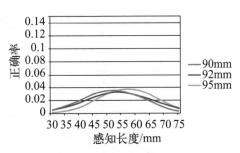

（e）呈现长度为 90mm、92mm、95mm　　　　　　（f）感知长度的倾向性

图 6.8　被试者 A 的实验结果

表6.2　被试者 A 的长度感知平均值及标准偏差　　　单位：mm

L_e	Ave	SD	项目	Ave	SD	项目	Ave	SD	项目	Ave	SD
30	8.6	2.60	40	13.4	3.40	65	32.5	6.95	90	52.1	11.08
100	64.8	10.5	42	15.8	3.65	67	30.8	4.75	92	53.9	12.3
			45	16.1	3.40	70	31.5	4.35	95	56.0	10.5

在本实验中，被试者的回答长度不是以每 5mm 为单位，因此，没有发现偏向特定长度的感知倾向。从各长度的分布来看，在图 6.8（a）、（c）、（e）中，分别显示的长度越长，回答长度也越长。表 6.2 的平均值大致与回答长度相关，2mm、3mm 的长度差异被认为能够感知到。从图 6.8（b）、（d）、（f）可以得出，图 6.8（b）和（f）中可以看到其倾向，图 6.8（d）中可以看到一部分相反的倾向。另外，描绘了呈现长度和感知长度的平均值的图 6.9 中，可以看到几乎相同的倾向。

虽然很难说这些结果有显著差异，对于 2～5mm 的呈现长度的不同，可以看到根据呈现长度进行回答的倾向，预计在统计上会出现差异。关于这一点需要进一步研究，但在本研究中，考虑到被试者对于数字喜好有偏差的基础上进行研究。

图 6.9 中被试者 A 的结果表明，不同长度的感知长度值呈现长度感知结果随着显示长度值的增加而有变大的趋势。

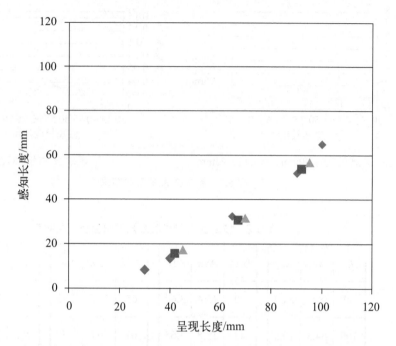

图 6.9 对于不同大小的呈现长度，被试者 A 的平均感知长度结果

6.4.4 被试者分组的长度感知结果

16 名被试者平均分成 2 组，即从右手（利手）开始的实验组与从左手（非利手）开始的实验组。图 6.10 表示 16 名被试者的长度感知误差（感知长度－呈现长度）的平均值。横坐标代表各个手指、右手食指（right index，RI）、右手中指（right middle，RM）、右手无名指（right ring，RR）、右手小拇指（right little，RL），左手食指（left index，LI）、左手中指（left middle，LM）、左手无名指（left ring，LR）、左手小拇指（left little，LL）；纵坐标代表长度感知误差。

实验结果表明，从右手开始的实验组由于右手的各个手指首先接受实验，左手相对应的各个手指的感知误差值变小。同样，对于从左手开始的实验组，右手对应的各个手指的感知误差值也减小。因此，在利手与非利手之间进行长度感知任务时，产生了一定程度的学习效应。

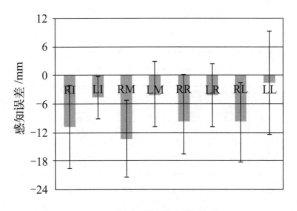

（a）右手开始的实验组

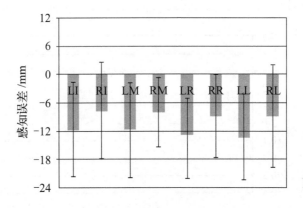

（b）左手开始的实验组

图 6.10　被试者平均分成两组（从左手与右手开始的实验组）

6.4.5　从右手开始的实验组偏向指数结果

对从右手开始先接受实验的 8 名被试者进行了偏向指数（laterality index）分析。图 6.11（a）表示 8 名被试者食指的偏向指数的结果，图 6.11（b）表示中指的结果，图 6.11（c）表示无名指的结果，图 6.11（d）表示小拇指的结果。这些图的横坐标表示每名被试者，纵坐标表示偏向指数的数值。从这些图的结果来看，被实验者如果是先用右手接受实验，则右手占据优越性。

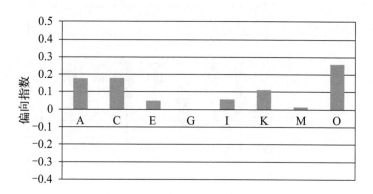

（a）食指

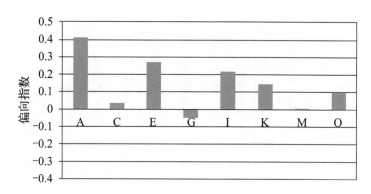

（b）中指

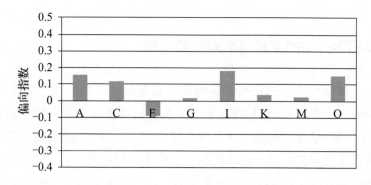

（c）无名指

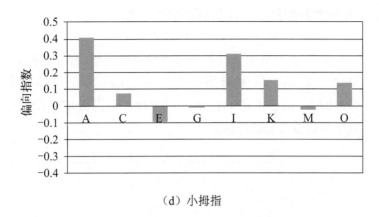

（d）小拇指

图 6.11　从右手开始实验组的偏向指数分析

图 6.12 表示 8 名被试者各个手指的偏向指数的平均值。可以得出，被试者的食指、中指、无名指、小拇指都是右手占据优越的结果，并通过 t 检验法进行了数据分析。数据分析结果表明，食指 $t(7)=3.26$，$0.01 < p < 0.05$ 与中指 $t(7)=2.63$，$0.01 < p < 0.05$ 有显著性意义；无名指 $t(7)=2.26$，$p < 0.10$ 和小拇指 $t(7)=1.98$，$p < 0.10$ 有一定的倾向性。因为这个实验进行了分组对比，即从右手开始的实验组和从左手开始的实验组。研究结果发现，从右手开始的实验组长度感知的学习能力会传递到左手。然而图 6.13 的从左手开始的实验组并未发现此现象。

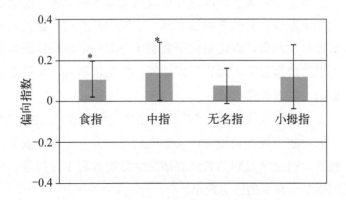

图 6.12　从右手开始实验组的偏向指数结果

6.4.6 从左手开始的实验组偏向指数结果

图 6.13 为从左手开始实验的被试者每根手指的偏向指数（laterality index）结果，结果表明，食指 $t(7)=1.11$，$p > 0.05$，中指 $t(7)=1.84$，$p > 0.05$，无名指 $t(7)=1.40$，$p > 0.05$，小拇指 $t(7)=1.58$，$p > 0.05$ 的偏向指数都没有显著性意义。

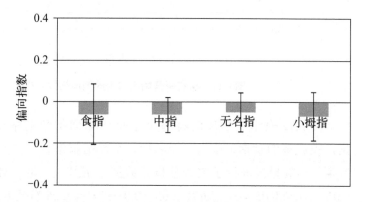

图 6.13 从左手开始实验组的偏向指数结果

6.4.7 利手与非利手长度感知研究总结

触觉是人类与外部世界接触的最基本的手段，而交互触觉提供了一个非常直接、有效的沟通方式。本实验开发的一套人机交互方式的触觉长度呈现设备可以定量化研究利手与非利手的长度感知特性，实验结果可以为虚拟现实、远程医疗诊断、仿生机器人、人机工程学等学科领域提供一定的研究基础。

实验中发现了利手和非利手之间的学习效应，由于学习效应的存在，一只手学习到的长度感知会影响到另一只手。学习效应对于利手的影响较大，利手学习到的长度感知也会影响非利手；但是，非利手的学习效应相对于利手的影响较小。

大脑两半球机能一侧化的研究表明，人的高级行为，例如学习、运动、认知等活动主要由一侧半球负责，形成了"优势半球"的理论。例如，听、说、读、写、计算、事物命名、抽象思维等机能是由左半球，基于"优势半球"理论实现的。虽然右半球的机能有限，经常起着辅助性的作用，但右半球也参与了很多重要的机能，甚至包括某些关键的语言机能。所谓的"优势"也是相对的。只有左、右两半球协同作业，才能最有效地确保人类精确的行为活动。

本研究结果表明利手和非利手对于长度感知没有显著性差异；手指对于长度感知有小于实际呈现长度的结果；手指对于长度感知的准确度为 5mm；食指、中指、无名指、小拇指对于长度感知的能力和特征几乎相同。

人类进行简单的操作、认知时，由于学习效应的存在，利手和非利手之间没有显著性的差异。然而，进行复杂的动作时，利手的操作能力占优势，或者可以说利手和非利手经常分工作业。利手与非利手相比，具有更好的操作性、灵活性、稳定性、力量性。日常生活中用双手同时进行操作的情景居多，非利手经常起着辅助利手的关键作用。所谓的"优势"其实也是相对的，只有利手与非利手相互协同作业，才能确保操作本身的稳定性、精确性、灵活性与高效性。

第 **7** 章

**两根手指与
三根手指长
度感知研究**

7.1

研究背景

当人类感知长度时，手指与接触表面的材质、抓握对象物的硬度、接触面积等对长度感知也有影响。Gepshtein 和 Banks（2003）报告空间内对象物的放置方向对于长度感知没有影响。此外，关于影响长度感知的其他因素，Berryman（2006）等在 50～62mm 的长度范围内使用大拇指和食指进行了实验，报告了在该长度范围内与手指接触的面积和抓握力对于人的长度感知没有影响。有研究调查了使用大拇指与食指、中指的抓握动作中的长度感知特性，发现了食指和中指各自的长度感知没有差异性。并且，使用 3 根手指进行多个抓握动作，发现多个手指的长度感知有时比单个手指的感知误差小。北山等（2009）开发了更接近自然环境的长度呈现装置，发现在 70mm 附近的呈现长度，感知误差比 30～60mm 和 80～100mm 的呈现长度大，推测是由于触觉运动感知造成的差异性。

作为老化效应（aging effect）的研究，在厚度辨别实验和角度辨别实验中进行了关于年龄增长效应的实验。在年轻人组和老年人组中进行了相同的实验，确认是否在触觉的感知实验中存在老化效应。在角度辨别实验中，年轻人和老年人的结果存在差异。然而，在厚度辨别实验中，年轻人和老年人没有差异。虽然以往的研究进行了许多关于长度感知的实验，但其中并没有与年龄相关的长度感知能力的研究。

7.2

研究目的

在本研究中，以手指抓握动作的自然扩展长度 70mm 为基准长度。另外，长度感知能力由于使用手指的数量不同而产生差异。通过大拇指、食指的 2 根手指与大拇指、食指、中指的 3 根手指进行触觉的长度感知研究，对比 2 根手指与 3 根手指进行长度感知时的特性与差异性。

　　不仅仅是人类，所有的生物体在生长的过程中，随着年龄的增长也会产生相应的差异性。例如，运动能力与记忆力等年轻人相比老年人优异，这样的差异被认为是制作老年人产品的重要因素。另外，随着年龄的增长，患记忆力衰退、认知低下、老年痴呆症的概率也会增加。这种现象特别会从手指出现，可以从手指感知的变化中发现一些前期症状。因此，有必要针对年轻人与老年人群体，进行长度感知能力差异的调查研究，为今后的老年人产品的研发做出相应的基础研究。

7.3
实验方法

7.3.1　实验设备

图 7.1　2 根手指（大拇指、食指）进行长度感知实验的示意图

　　本研究的实验设备与之前章节所使用的设备相同，具体的实验示意图如 图 7.1～ 图 7.4 所示。

图 7.2　2 根手指（大拇指、食指）进行长度感知实验的照片

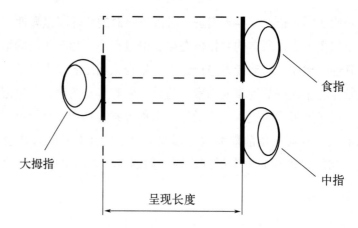

图 7.3　3 根手指（大拇指、食指、中指）进行长度感知实验的示意图

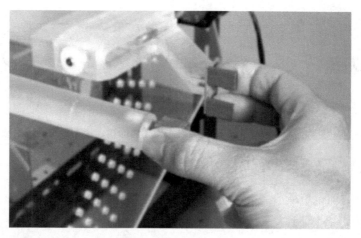

图 7.4　3 根手指（大拇指、食指、中指）进行长度感知实验的照片

7.3.2　年轻被试者信息

16 名年轻人参加了本实验，被试者信息如表 7.1 所示。被试者均为右利手，手指和手均无异常。实验分为两天进行，即用两根手指（T-I）进行实验一天，用三根手指（T-I-M）进行实验一天。为了考虑平衡，对一半的被试者先用两根手指进行实验，对另一半的被试者先用三根手指进行实验。

表 7.1　被试者基本信息

被试者	年龄	手指组合
A	28	大拇指 - 食指
B	22	大拇指 - 食指
C	22	大拇指 - 食指
D	22	大拇指 - 食指
E	28	大拇指 - 食指
F	23	大拇指 - 食指
G	29	大拇指 - 食指
H	28	大拇指 - 食指
I	22	大拇指 - 食指 - 中指
J	22	大拇指 - 食指 - 中指
K	25	大拇指 - 食指 - 中指
L	23	大拇指 - 食指 - 中指
M	23	大拇指 - 食指 - 中指
N	21	大拇指 - 食指 - 中指
O	22	大拇指 - 食指 - 中指
P	23	大拇指 - 食指 - 中指

7.3.3　实验场景

整体的实验场景如图 7.5 所示。实验过程中，被试者用眼罩遮挡住视觉摄入信息，通过耳机中流出的白噪声阻碍长度呈现设备滑块的移动声音。另外，为了缓解被试者在实验过程中的疲劳，以舒适的姿势将肘部放置在软垫上。

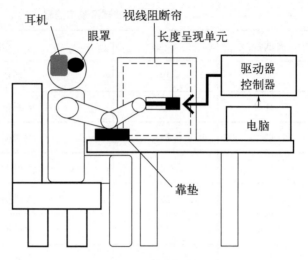

图 7.5　实验场景概述图

　　本实验分别进行两根手指和三根手指的长度辨别实验。两个实验中所呈现的长度如表 7.2 所示。所呈现的次数分别为参照长度和实验长度各 10 次，并根据参照长度和实验长度的大小进行辨别实验，参照长度和实验长度的顺序也是随机呈现。如果将参照长度和实验长度设为 1 组，则将 1 组进行 10 次辨别试验。

表 7.2　向被试者呈现的长度组合　　　　　　单位：mm

参考长度	实验长度
70	71
70	72
70	73
70	74
70	75
70	77
70	79
70	81

本实验的试验次数为 8（长度组合）×10（呈现次数）×2（手指种类）合计 160 次，实验时间约为 2h，中间也会给予被试者足够的休息时间。

本实验使用两者强制选一的实验方法。被试者抓握第 1 个和第 2 个呈现的长度，口头回答感觉到的长度哪一个更长。如果感知到第 1 个较长，则回答"1"。感知到第 2 个较长，则回答"2"。被试者随机呈现参照长度和实验长度。例如被试者第一个呈现参照长度 70mm，第二个呈现实验长度 72mm。被试者抓握第一个和第二个长度，回答认为较长的一个。这种情况下回答"2"是正确的，回答"1"的情况下为不正确答案。被试者需要写下答案。另外，关于被试者的正确答案、不正确答案和呈现长度的信息不予告知。

在实验过程中，被试者需要执行的动作及长度呈现顺序如图 7.6 所示。被试者所佩戴的耳机传出的纯音刺激使用正弦波 4400Hz 的声音，并将其作为抓握长度的信号。白噪声作为松开长度的信号及滑块移动的掩蔽音。当被试者听到耳机中的纯音刺激后，进行 5s 的长度抓握；当听到白噪声后将手松开长度 5s，此时滑块将调节成另一种呈现长度。然后手再抓握新的长度 5s，听到白噪声后松开手，比较第一个长度和第二个长度哪个更长，并回答更长的那个数字 1 或者 2。

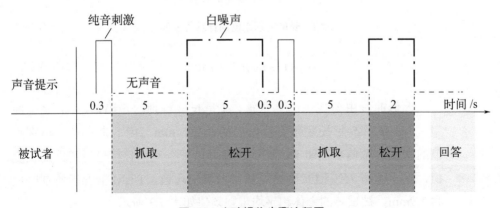

图 7.6　实验操作步骤流程图

7.4
年轻被试者实验结果

如图 7.7 所示，纵坐标表示长度辨别的正确率，横坐标表示参照长度与实验长度的差值。T-I 表示拇指、食指 2 根手指，T-I-M 表示拇指、食指、中指 3 根手指，近似曲线为逻辑函数的近似。

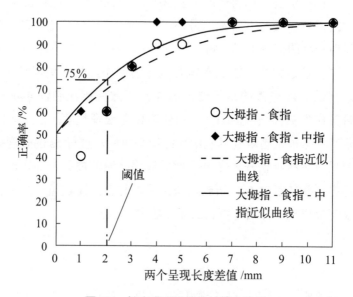

图 7.7 长度辨别阈值的计算方法图

$$A=1/[1+\exp(R \times \Delta L)] \tag{7.1}$$

近似曲线由公式（7.1）求得，A 是长度辨别的正确率，%；R 是曲率；ΔL 表示参照长度和实验长度的差值，mm。接下来，表示辨别阈值的求法。所谓辨别阈值，被认为是可以根据某一长度进行辨别的长度值，以正确率 75% 时长度的差值作为辨别阈值，T-I-M 情况下辨别阈值为 1.9mm，被试者的个体和平均辨别阈值如表 7.3 所示。

当两个长度的差值为 1mm 的时候，对于被试者进行长度辨别很困难，所以正确率接近50%。另外，随着两个长度差的增大，辨别变得容易。当长度差为 11mm 时，正确率接近 100%。16 名被试者的平均结果如图 7.8 所示，近似曲线之所以看起来像一条，是因为两条曲线相互重叠。

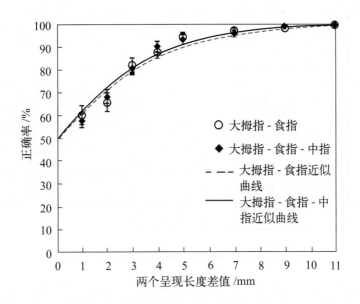

图 7.8　16 名年轻被试者的长度辨别结果平均值（2 根手指、3 根手指）

表 7.3　年轻被试者的长度辨别阈值（2 根手指、3 根手指）

被试者	阈值 /mm	
	大拇指 - 食指	大拇指 - 食指 - 中指
1	2.6	2.6
2	1.7	4.0
3	3.2	2.9
4	2.1	2.7
5	0.8	1.6
6	2.2	2.0
7	2.0	2.2

续表

被试者	阈值 /mm	
	大拇指 - 食指	大拇指 - 食指 - 中指
8	1.6	1.9
9	1.8	1.0
10	1.9	2.4
11	2.3	1.6
12	3.5	2.7
13	3.2	2.5
14	1.7	2.9
15	3.5	2.9
16	2.2	1.8
平均值	2.3	2.4

7.5
老年被试者的长度辨别实验

7.5.1 老年被试者信息

本实验对 16 名老年人进行长度辨别，具体信息如表 7.4 所示。被试者均为右利手，手指和手无异常。实验分成两天进行，分别为用两根手指（T-I）进行实验一天和用三根手指（T-I-M）实验一天。所有被试者的 MMSE（mini-mental state examination）分数均在 29 分以上。MMSE 能够简便地测定被试者认知功能和记忆力。30 分为满分，27～30 分为正常值，22～26 分为轻度认知障碍，21 分以下则被认定为患有痴呆症等认知障碍的可能性较高。

表 7.4　老年被试者信息

被试者	年龄	组合	MMSE 评分
1	71	大拇指 - 食指	30
2	68	大拇指 - 食指	29
3	72	大拇指 - 食指	29
4	61	大拇指 - 食指	29
5	63	大拇指 - 食指	29
6	63	大拇指 - 食指	29
7	71	大拇指 - 食指	29
8	63	大拇指 - 食指	30
9	70	大拇指 - 食指 - 中指	30
10	63	大拇指 - 食指 - 中指	30
11	73	大拇指 - 食指 - 中指	30
12	75	大拇指 - 食指 - 中指	30
13	72	大拇指 - 食指 - 中指	30
14	70	大拇指 - 食指 - 中指	29
15	60	大拇指 - 食指 - 中指	30
16	78	大拇指 - 食指 - 中指	30

7.5.2 老年被试者实验结果

　　16 名老年被试者的长度辨别平均结果如图 7.9 所示，纵坐标表示长度辨别的正确率，横坐标表示两个呈现长度的差值。T-I 表示大拇指、食指 2 根手指，T-I-M 表示大拇指、食指、中指 3 根手指。近似曲线为逻辑函数的近似，如公式（7.1）所示。当两个呈现长度相差 1mm 时，由于辨别困难，所以正确率在 50% 左右。另外，随着两个长度的差值增加，辨别变得容易，当长度差值为 11mm 时，正确率接近 100%。

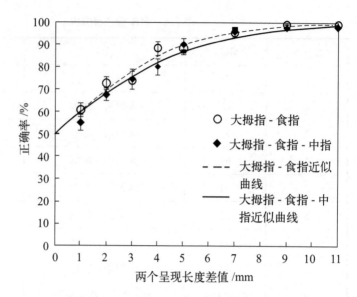

图 7.9　16 名老年被试者的长度辨别结果平均值（2 根手指、3 根手指）

　　长度辨别阈值的求法如图 7.7 所示。辨别阈值的定义为将正确率为 75% 的长度差值作为辨别阈值。各被试者在 2 根手指及 3 根手指的抓握条件下的辨别阈值结果如表 7.5 所示。

表 7.5　老年被试者的长度辨别阈值（2 根手指、3 根手指）

被试者	阈值 /mm	
	大拇指 - 食指	大拇指 - 食指 - 中指
1	1.6	1.9
2	4.0	2.5
3	4.6	4.3
4	2.7	4.0
5	2.7	2.5
6	3.3	3.8
7	3.0	2.7
8	1.3	1.1

续表

被试者	阈值 /mm	
	大拇指 - 食指	大拇指 - 食指 - 中指
9	1.4	2.7
10	2.7	3.4
11	1.9	2.8
12	1.8	1.6
13	4.0	2.8
14	1.6	2.8
15	4.2	2.8
16	2.9	7.5
平均值	2.7	3.1

7.6
考察

7.6.1　手指数量的长度辨别考察

　　长度辨别实验结果表明，两个长度的差值越小，正确率越低；两个长度的差值越大，正确率越高。这说明长度差值小时辨别困难，大时辨别容易。因为有必要研究触觉性能在两根手指（T-I）和三根手指（T-I-M）状态下是否不同，所以根据表 7.3 对阈值进行了 t 检验。数据分析结果显示 T-I 和 T-I-M 之间的阈值没有显著性差异（$t=-0.411$，$d_f=15$，$p=0.687$）。并且，老年人与年轻人的长度辨别能力没有显著性差异（$t=-0.946$，$d_f=15$，$p=0.359$）。

　　之前的长度感知实验结果表明，2 根手指和 3 根手指之间存在显著的差异。其实验的呈现长度在 70mm 附近以 5mm 为单位变化长度，并且用绝对值回答的实验方法。然而，在本实验中，呈现长度在 71～75mm 范围内以 1mm 为单位变化长度，并且采用了二者强制选一的实验方法。这些区别造成了本实验与之前实验结果不同。

回答绝对值的方法是在抓握动作中，详细考虑多个长度，并回答其大小值。两者强制选一的方法是从两项选择中必须选择一项答案，因此可以根据感知来回答，所以对于触觉的依赖性更高。

为何 2 根手指和 3 根手指间没有显著性差异？北山等报告了抓握动作中，大拇指、食指与大拇指、中指的长度感知精度相同。本实验中 T-I 和 T-I-M 实验的不同之处在于是否使用中指。由此可以考虑在 T-I-M 的实验中，食指或中指单独进行长度辨别。因此，可以认为食指和中指的感知精度都相同，由于其中一个手指独立工作，所以没有产生显著性差异。

7.6.2 老化效应的长度辨别考察

关于年轻人与老年人的长度辨别实验对比结果如图 7.10 所示，年轻人与老年人的长度辨别阈值的平均结果如表 7.6 所示。

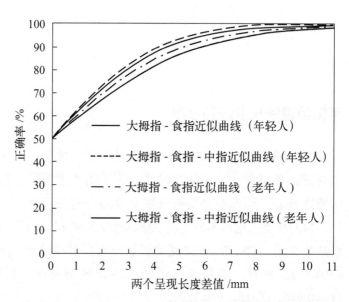

图 7.10 年轻人与老年人的长度辨别结果（2 根手指、3 根手指）

表 7.6　年轻人与老年人的平均长度辨别阈值

年龄组	阈值 /mm	
	大拇指 - 食指	大拇指 - 食指 - 中指
年轻人	2.3	2.4
老年人	2.7	3.1

根据图 7.10 和表 7.6 的实验结果，年轻人与老年人在 2 根手指（T-I）与 3 根手指（T-I-M）的情况下，长度辨别阈值有所差异。然而，在长度辨别阈值方面，有必要针对这些差异性进行 t 检验数据分析。在 T-I 中，关于年轻人与老年人间阈值是否存在差异进行了 t 检验，结果没有发现显著差异（$t=1.339$，$d_f=15$，$p=0.200$）。在 T-I-M 中，关于年轻人与老年人间阈值是否存在差异进行了 t 检验，结果也没有发现显著差异（$t=-0.946$，$d_f=15$，$p=0.099$）。由此可知，无论是 2 根食指，还是 3 根手指，年轻人和老年人没有长度辨别能力的差异性。

那么，有必要考虑为何年轻人与老年人间不存在长度辨别方面的差异性。关于皮肤感觉的研究中，确认出了老化效应。另外，关于抓握动作的其他研究还有厚度辨别实验。在厚度辨别实验中，有助于辨别的感觉部位是作为固有接受器的蚓状肌的肌纺锤，指尖的皮肤感觉和关节附近的皮肤感觉不能感知微小的厚度变化。其中，也有关于厚度辨别的老化效应的实验，Franc 等的研究也报告了未曾发现老化效应的研究结果。厚度辨别使用多感觉通道，即使由于皮肤感觉的老化效应而减少，由于固有接受感觉也占据相对多数地位，因此在厚度辨别的实验组也未曾发现老化效应的存在。

长度辨别与厚度辨别相比，固有接受感觉的依赖程度更高。在本实验中没有发现老化效应的存在，因此可以认为老年人的固有接受感觉中没有发生太显著的老化效应。与厚度辨别相同，考虑到哪个固有接受器有助于长度感知时，可以认为同样是蚓状肌的肌纺锤。

肌纺锤由骨骼肌中的锤内肌纤维和支配其感觉性的运动性神经构成，

尤其是手指等细小运动相关的小肌肉较多。当肌肉伸展时，由于锤内肌纤维两端的收缩，被拉伸而发生变形，肌纺锤存在于中央部的感觉末端并产生兴奋。本研究为发现老化效应的原因是老年人肌肉纺锤内的神经并没有减少。

第 **8** 章

**延迟时间的长度
辨别实验**

8.1

研究背景及目的

工作记忆（working memory）是指在认知心理学中，用于暂时保持信息同时进行操作的结构和过程的概念，也称为作业存储、动作存储（Constantinidis，2016）。工作记忆是指暂时存储和处理来自多个感官领域的信息的认知能力，包括但不限于视觉和触觉领域（Baddeley，2012）。近年来，研究者进行了许多关于工作记忆的结构和大脑相关联部位的研究，同时，在厚度辨别实验和角度辨别实验中进行了关于老化效应的实验。这些是在年轻人组和老年人组中进行相同的实验，根据其结果确认是否存在老化效应的研究（Melby-Lervag 和 Hulme，2013）。在角度辨别实验中，年轻人和老年人在感知结果上存在差异。在厚度辨别实验中，年轻人和老年人不存在差异（Likova，2012）。在蒙眼游戏中，孩子们可以通过触摸探索玩具，然后回答有关玩具的问题。在所有案例中，一种感觉的信息被感知，存储在工作记忆中，然后与另一种感觉的信息进行比较。

工作记忆是维持和主动操作执行当前任务所需的一组信息的能力，是基本的认知能力之一（Baddeley，1996a）。它被用于日常活动，如计划、推理、解决问题、阅读和学习，因此形成了目标导向行为的基础（Baddeley，1996b）。工作记忆容量在整个生命周期中发生变化，在健康老龄化中下降（Braver 和 West，2007；Park 和 Festini，2017），一般与智力密切相关（Cowan，2005）。由于其在认知中的核心作用，研究工作记忆的机制对于理解人类的认知至关重要。

工作记忆的下降被认为是健康衰老的一个特征（Braver 和 West，2007；Park 和 Festini，2017）。Sander 等（2012）指出，在整个生命周期中，工作记忆表现的差异被理解为自上而下和绑定过程之间的相互作用，第一个过程直到成年后才完全成熟，随着年龄的增长而显著下降。第二个过程在儿童中相对成熟，但在老年人中仍表现出衰老的下降（Sander等，2012）。不仅仅是人类，生物体在成长的过程中，身体的机能会因为年龄的不同而产生相应的差异性。这样的差异性被认为是制作老年人产品的重要因素（Swanson 等，2009）。随着年龄的增长，患上痴呆症和认知障碍的概率也随之增高（Au 等，2015）。现阶段，虽然存在许多关于长度感知的研究，但是缺乏根据被试者年龄阶段的不同展开的研究。因此，有必要针对年龄群体的不同，开展长度感知的行为学实验（Baker 等，2014）。

　　本实验具体采用延迟时间（delay time）工作记忆的方法，研究工作记忆与长度感知能力的关系。并且，将这些作为实验条件，在年轻人组和老年人组中进行了长度辨别实验，对比年轻人组与老年人组关于触觉的长度感知及短期记忆能力。所谓的长度辨别实验，是指让被试者抓握基准刺激长度和实验刺激长度，并让其回答哪个感知长度更大。

8.2
实验方法

8.2.1　被试者信息及实验装置

　　本实验的实验装置与前面章节相同，15 名年轻人和 15 名老年人参加了本实验，年轻人平均年龄为（24.5±4.2）岁，老年人平均年龄为（76±3.8）岁。所有被试者为右利手，手指和手均无异常。实际实验中的照片如图 8.1 和图 8.2 所示。

 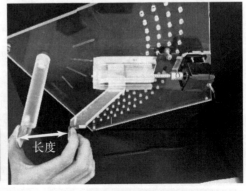

图 8.1　被试者进行长度辨别实验的实际照片　图 8.2　被试者使用拇指和食指钳抓呈现的长度

8.2.2 实验刺激和实验顺序

　　每次实验包含两个长度，即基准长度和实验长度。通过大拇指和食指钳抓呈现的两个长度，并且回答感知的长度哪个更长。第一个呈现长度和第二个呈现长度中间会有延迟时间。如表 8.1 所示，基准长度为 70mm，辨别长度分别为 71mm、72mm、73mm、74mm、75mm、77mm、79mm、81mm，延迟时间分别为 5s、10s、15s、20s、25s、30s，共计 8(呈现长度)×6(延迟时间)×10(重复次数)=480 次试验。每名被试者的实验时间约为 7.5h，中途有充分的休息时间。

表 8.1　呈现长度种类　　　　　　　　单位：mm

基准长度	实验长度	基准长度	实验长度
70	71	70	75
70	72	70	77
70	73	70	79
70	74	70	81

　　实验使用强制二选一的方法，被试者钳抓住第 1 个和第 2 个呈现长度，口头回答感觉到长度更长的一个。在本实验中，如果觉得第 1 个更长，则回答 "1"，如果觉得第 2 个更长，则回答 "2"。主试者随机呈现基准长度和实验长度。例如，主试者第一个呈现基准长度 70mm，第二个呈现实验长度 72mm，被试者钳抓第一个和第二个长度，回答认为长的那个。在这种情况下，回答 "2" 是正确答案，回答 "1" 则是不正确答案。主试者不能告知被试者回答的结果正确与否以及与呈现长度相关的一切信息。

　　被试者在实验过程中应当执行的动作及实验流程如图 8.3 所示，纯音刺激使用正弦波 4400Hz 的声音，将其作为手指钳抓长度的信号。白噪声作为手指离开长度的信号，并且起到掩盖与呈现长度相关的滑块移动声音的作用。图中的实验流程为被试者 5s 钳抓长度、5s 分离、5s 钳抓、最后回答哪个长度更长。其中，手指分离长度的时间，即第一个呈现长度与第二个呈现长度中间的时间间隔,为延迟时间。

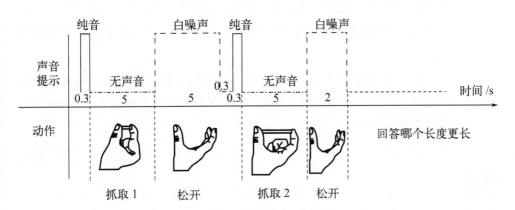

图 8.3　实验操作流程图

8.2.3　数据解析方法

以一名年轻被试者的实验结果为例,如图 8.4 所示。延迟时间为 20s,纵坐标表示长度感知的正确率,横坐标表示参照长度与实验长度的差值。曲线代表逻辑函数的近似曲线,长度感知正确率的求得公式为 $A=1/[1+\exp(R\times\Delta L)]$。其中,$A$ 为正确率,%;R 为曲率;ΔL 表示参照长度与实验长度的差值。

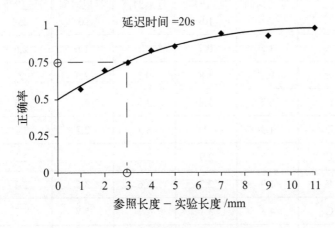

图 8.4　长度辨别阈值的定义方法

接下来阐述本研究中的辨别阈值求法，辨别阈值是指能够根据某一长度的差值进行长度辨别，本实验将正确率为 75% 时的长度差值作为辨别阈值。该被试者的长度辨别正确答率在 75% 的情况下，辨别阈值为 3mm。

当长度差值为 1mm 时，被试者很难辨别长度，所以正确率在 50% 附近。随着长度差值增大，辨别也变得容易。当长度差值为 11mm 时，正确率接近 100%。

8.3

实验结果

根据不同种类的延迟时间，15 名年轻被试者的长度辨别阈值结果如表 8.2 所示。以被试者 A 为例，当延迟时间为 5s 时，长度辨别阈值为 1.5mm。延迟时间为 10s 时，长度辨别阈值为 0.7mm。延迟时间为 15s 时，长度辨别阈值为 2mm。延迟时间为 20s 时，长度辨别阈值为 1.6mm。延迟时间为 25s 时，长度辨别阈值为 2.6mm。延迟时间为 30s 时，长度辨别阈值为 2.7mm。

表 8.2　年轻被试者的长度辨别阈值　　　　单位：mm

被试者	延迟时间 5s	延迟时间 10s	延迟时间 15s	延迟时间 20s	延迟时间 25s	延迟时间 30s
A	1.5	0.7	2	1.6	2.6	2.7
B	0.7	1.8	0.2	2.3	2	2.9
C	0.2	1.8	2.5	2.2	2.5	3.3
D	1.3	2	3.7	2.2	3.1	3.4
E	1.7	2.9	2.4	3	2.5	3.3
F	1.9	2.3	3.6	3.5	2.4	3.1
G	4.3	3.1	4.2	5.8	3.7	6
H	2.7	2.4	3.9	2.4	2.1	3.1

续表

被试者	延迟时间 5s	延迟时间 10s	延迟时间 15s	延迟时间 20s	延迟时间 25s	延迟时间 30s
I	1.6	2.5	2.6	3.1	6.7	3.5
J	3.1	3.5	3.1	3.3	5.8	4.1
K	2.1	2.3	1.7	1	1.9	2.9
L	3.2	3.5	3.8	4.8	4.3	6.2
M	3.3	2.1	3.8	3.8	2.6	5
N	1.2	1.9	2.7	3.4	3.2	3.6
O	1.8	2.1	2.3	2.8	3.1	1.5

15 名年轻被试者的长度辨别阈值平均结果如表 8.3 所示，延迟时间 5s 的长度辨别阈值为 2.0mm，延迟时间 10s 的长度辨别阈值为 2.3mm，延迟时间 15s 的长度辨别阈值为 2.8mm，延迟时间 20s 的长度辨别阈值为 3.0mm，延迟时间 25s 的长度辨别阈值为 3.2mm，延迟时间 30s 的长度辨别阈值为 3.4mm。通过观察年轻人个体结果，发现随着延迟时间增长，长度辨别的阈值也增大，并且延迟时间有效地影响长度辨别实验。

表 8.3　年轻被试者的平均长度辨别阈值

延迟时间 /s	阈值 /mm
5	2.0
10	2.3
15	2.8
20	3.0
25	3.2
30	3.4

图 8.5 表示 15 名年轻被试者在不同延迟时间（5s、10s、15s、20s、25s、30s）情况下，长度辨别正确率的平均结果。图 8.5（a）～（f）分别代表 6 种延迟时间情况下长度辨别的平均结果。横坐标为基准长度和

辨别长度差值，纵轴是长度辨别的平均正确率。蓝色点为15名年轻人平均长度辨别的正确率，红色曲线为各点的近似曲线。6种延迟时间条件结果趋势也相似，当基准长度与辨别长度的差值增大时，长度辨别的正确率随之变高。对于年轻被试者来说，当长度差值1mm时，辨别很困难，所以正确率在50%左右。另外，随着长度差值的增大，辨别变得容易，长度差值为11mm时，正确率接近100%。

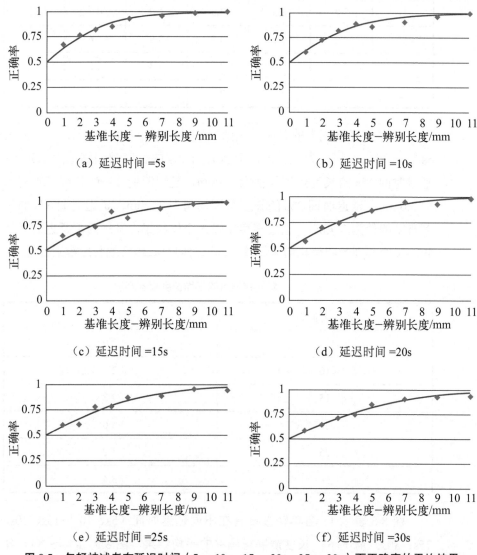

图8.5　年轻被试者在延迟时间（5s、10s、15s、20s、25s、30s）下正确率的平均结果

　　图 8.6 表示 15 名老年被试者在不同延迟时间（5s、10s、15s、20s、25s、30s）情况下，长度辨别正确率的平均结果。图 8.6（a）～（f）分别代表 6 种延迟时间情况下长度辨别的平均结果。横坐标为基准长度和辨别长度差值，纵轴是长度辨别的平均正确率。蓝色点为 15 名老年人平均长度辨别的正确率，红色曲线为各点的近似曲线。6 种延迟时间条件结果趋势也相似，当基准长度与辨别长度的差值增大时，长度辨别

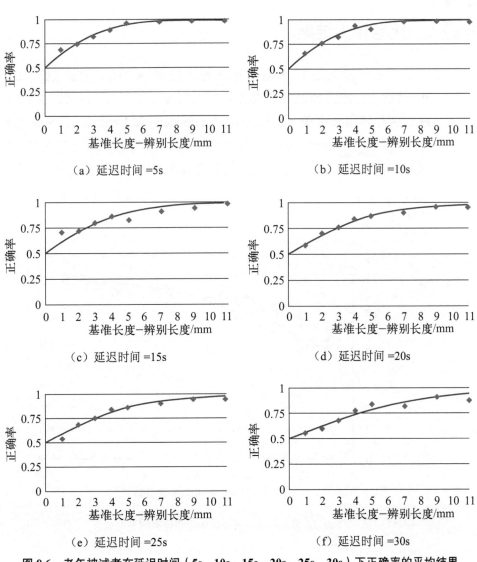

（a）延迟时间 =5s

（b）延迟时间 =10s

（c）延迟时间 =15s

（d）延迟时间 =20s

（e）延迟时间 =25s

（f）延迟时间 =30s

图 8.6　老年被试者在延迟时间（5s、10s、15s、20s、25s、30s）下正确率的平均结果

的正确率随之变高。与年轻被试者结果相似，对于老年被试者来说，当长度差值 1mm 时，辨别很困难，所以正确率在 50% 左右。另外，随着长度差值的增大，辨别变得容易，长度差值为 11mm 时，正确率接近100%。

8.4
年轻人对比老年人结果

15 名年轻人与 15 名老年人在延迟时间 5s、10s、15s、20s、25s、30s 情况下，长度辨别平均结果如图 8.7（a）、（b）所示。横坐标为基准长度与辨别长度差（comparison length-standard length），纵坐标为长度辨别正确率（accuracy）。从图中可以观察到，年轻人与老年人在不同延迟时间情况下，长度辨别能力没有显著性差异。对于不同种类的延迟时间，随着基准长度与辨别长度的差值增大，长度辨别的正确率也随之变高。

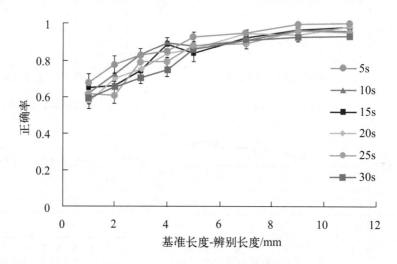

（a）15 名年轻被试者长度辨别正确率的平均结果

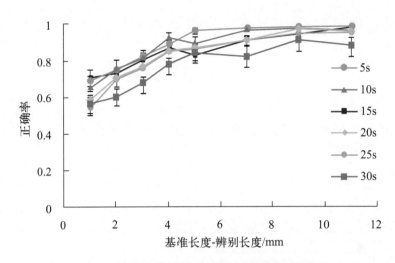

（b）15 名老年被试者长度辨别正确率的平均结果

图 8.7　年轻人与老年人长度辨别平均结果

图 8.8 表示 15 名年轻人和 15 名老年人的长度辨别阈值的平均结果。横坐标为 6 种不同种类的延迟时间（delay time），纵坐标为长度辨别的平均阈值（threshold）。年轻人与老年人都随着延迟时间的增加，长度辨别阈值变大，长度辨别的正确率也随之下降。年龄的因素不影响长度辨别实验 $[F(1, 28)=0.001, p=0.972]$。然而，延迟时间影响长度辨别实验 $[F(5140)=1.408, p<0.001]$。年轻人与老年人在几种不同的迟时间情况下，长度辨别能力基本相同 $[F(5140)=0.633, p=0.675]$。

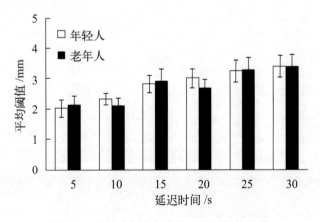

图 8.8　年轻人与老年人长度辨别阈值结果

第 **9** 章

n-back 长度
辨别实验

9.1
研究目的

本章研究以老化效应（aging effect）相关的长度辨别实验方法为基础，考虑了年轻人与老年人被试者之间会由什么因素产生老化效应。接下来进行的实验与前一章相比，有必要提高实验难度。

本章实验通过让被试者增加长度记忆的个数，对比年轻人与老年人关于长度感知的记忆能力。在前人的研究中，有记住多个触觉刺激的实验，实验方法为触摸多个不同形状的凹陷，并回答是否存在相同凹陷，实验结果表明被试者能够记住 4～5 个触觉刺激。

然而，前人的研究中缺少关于长度记忆的研究，也没有按照年龄的不同对比触觉感知能力。因此，本实验通过增加记忆的长度刺激，研究年轻人和老年人关于触觉记忆的老化效应，并且使用 *n*-back 的实验方法。在此考虑到实验难易程度的差异，进行了相对简单的 2-back 实验，以及相对困难的 3-back 实验。

9.2
实验方法

9.2.1 2-back 实验方法

2-back 实验也采用了二者强制选一的方法，同时增加了掩蔽长度。但是，被试者比较的对象依然为参照长度和实验长度，具体所呈现的参照长度和实验长度如表 9.1 所示。首先，将第一个呈现的长度设为①，第二个呈现的长度设为②。被试者依次钳抓①和②的长度，并且记住长度的大小。然后，实验者将向被试者指示①或②。被试者钳抓第 3 个呈现的长度，比较实验者指示的编号的长度和第 3 个呈现的长度，并口头回答感知更长的那一个长度。最后，实验者记录下被试者的回答。

表9.1 本实验呈现长度组合
单位：mm

参照长度	对比长度	参照长度	对比长度
70	71	70	75
70	72	70	77
70	73	70	79
70	74	70	81

在本实验中，如果觉得被指示的第1个或第2个较长，则回答"先"，如果觉得第3个较长，则回答"后"。比较的是参照长度和实验长度，将未被指示的长度作为掩蔽长度。因此，第三个呈现的长度一定为参照长度或实验长度。呈现长度与隐蔽长度的差值大于3mm。

例如，实验者第一个呈现参考长度70mm，第二个呈现掩蔽长度73mm，被试者钳抓它们。因为第一个是参照长度，所以实验者向被试者指示①。随后，实验者向被试者呈现第三个实验长度77mm，被试者钳抓住它。最后，被试者回忆起被指示的第一个长度大小，并且对比第三个长度，回答感知到更长的那个序号。在这种情况下，回答"后"是正确的答案，回答"先"则是不正确的。另外，实验过程中不告诉被试者关于本实验的正确答案、错误答案以及长度的任何信息。

被试者需要执行的动作及实验刺激的呈现顺序如图9.1所示。纯音刺激采用频率4400Hz的正弦波，将其作为钳抓长度的信号。白噪声作为手离开长度的信号，并作为掩蔽滑块移动的声音，也有用于指示被试者①、②的声音。

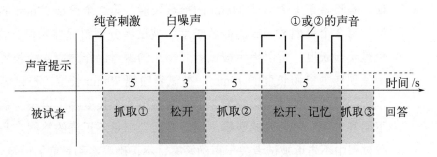

图 9.1 2-back 实验流程图

具体的实验流程如图 9.1 所示,当被试者听到耳机传来的纯音刺激后,大拇指与食指钳抓呈现的长度 5s;当听到白噪声后,手指离开长度 3s;当听到纯音后再次钳抓第二个长度,白噪声传来后手离开长度。随后,耳机中会有①或②的指示声音。当纯音刺激响起,被试者钳抓第三个长度。最后,被试者需要回答哪个长度更长。

9.2.2 3-back 实验方法

3-back 的实验方法大致与 2-back 实验相同,在 2-back 实验中,被试者需要记住两个长度,而在 3-back 实验中需要记住三个长度。也就是说,3-back 实验增加了 1 次掩蔽长度,即呈现 2 次掩蔽长度。同样使用二者强制选一法,比较参照长度和实验长度。具体的呈现长度组合如表 9.1 所示。

接下来阐述实验方法:首先,将第 1 个呈现的长度设为①,第 2 个呈现长度为②,第 3 个呈现长度为③。被试者钳抓第 1 个、第 2 个、第 3 个长度,并记住长度大小。随后,实验者将指示①或②或③。接着,被试者钳抓第 4 个呈现的长度。被试者需要将被指示的长度编号与第 4 个呈现的长度进行比较,口头回答感知到更长的那个,实验者记录下答案。

在本实验中,如果觉得指示的第 1 个、第 2 个或第 3 个更长,则回答"先"。如果觉得第 4 个更长,则回答"后"。需要比较的是参照长度和实验长度,没有被指示的长度则作为掩蔽长度。因此,第 4 个呈现的一定为参照长度或实验长度。呈现长度与隐蔽长度的差值大于 3mm。例如,实验者第 1 个呈现 73mm 的掩蔽长度,第 2 个呈现 77mm 的实验长度,第 3 个呈现 81mm 的掩蔽长度,被试者分别钳抓住它们。由于第 2 个是实验长度,所以指示被试者"②"的编号。作为第 4 个长度,实验者呈现作为参照长度的 70mm,被试者钳抓 70mm 长度。被试者回忆被指示的第 2 个长度,比较第 2 个长度与第 4 个长度哪个更长。这种情况下回答"先"是正确的答案,回答"后"则是不正确的答案。另外,实验过程中不告诉被试者关于正确答案、不正确答案和长度的信息。

被试者需要执行的动作及实验刺激的呈现顺序如图 9.2 所示。纯音刺激采用频率 4400Hz 的正弦波，将其作为钳抓长度的信号。白噪声作为手离开长度的信号，并作为掩蔽滑块移动的声音，也有用于指示被试者①、②、③的声音。

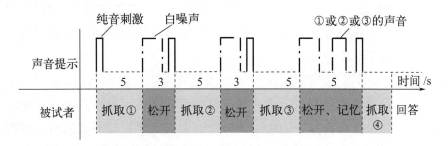

图 9.2　3-back 实验流程图

具体的实验流程如图 9.2 所示，当被试者听到耳机传来的纯音刺激后，大拇指与食指钳抓呈现的长度 5s；当听到白噪声后，手指离开长度 3s；当听到纯音后再次钳抓第 2 个长度，白噪声传来后手离开长度，重复同样的操作钳抓第 3 个长度。随后，耳机中会有①或②或③的指示声音。当纯音刺激响起，被试者钳抓第 4 个长度。最后，被试者需要回答哪个长度更长。

9.3
实验条件

被试者均为右利手，无手指和手的伤害。实验过程中，通过眼罩阻断视觉摄入信息，通过耳机流出的白噪声掩盖滑块移动的声音。另外，为了尽量缓解实验过程中的疲劳，被试者以舒服的姿势将肘部搁置在柔软的靠垫上，本实验仅用大拇指与食指的两个手指。

本实验向被试者呈现的具体长度与上一章节相同。为了增加记忆长度的数量，追加了干扰长度。呈现长度与干扰长度的差值大于 3mm。2-back、3-back 长度辨别实验所呈现长度次数分别为参照长度和实验长度各 12 次，根据参照长度和实验长度大小辨别更大的那一个。干扰长度所呈现的次数在整体上也是相同的，且参照长度、实验长度、干扰长度的顺序也为随机呈现。参照长度和 1 个实验长度设为 1 组试验，将 1 组试验进行 12 次辨别。

本实验的试验次数为 8（实验长度）×12（重复次数）×2（2-back，3-back）共计 192 次，实验时间约为 4h。实验过程中安排有休息时间，实验分成两天完成，一天进行 2-back 辨别实验，另一天则进行 3-back 辨别实验。

本实验的被试者分别为 10 名老年人、10 名年轻人。表 9.2、表 9.3 分别表示年轻被试者与老年被试者的基本信息，表中的 n-back 表示第一天首先参加 2-back 或 3-back 实验。老年被试者的简易状况智力检查（mini-mental state examination，MMSE）分数均在 29 分以上。

表 9.2 年轻被试者基本信息

被试者	年龄	n-back
1	22	2-back
2	23	2-back
3	25	2-back
4	23	2-back
5	23	2-back
6	22	3-back
7	23	3-back
8	24	3-back
9	22	3-back
10	23	3-back

表 9.3 老年被试者基本信息

被试者	年龄	n-back	MMSE 评分
1	63	2-back	29
2	71	2-back	29
3	75	2-back	30
4	70	2-back	29

续表

被试者	年龄	*n*-back	MMSE 评分
5	78	2-back	30
6	71	3-back	30
7	72	3-back	29
8	61	3-back	29
9	63	3-back	29
10	63	3-back	30

9.4

实验结果

10 名年轻被试者的平均结果如图 9.3 所示，10 名老年被试者的平均结果如图 9.4 所示。纵坐标表示长度辨别的正确率，横坐标表示两个呈现长度的差值，图中近似曲线为逻辑函数的近似曲线。当长度差值为 1mm 时，由于辨别困难，所以正确率接近 50%。随着长度差值的增大，长度辨别变得容易，正确率也随之提升。

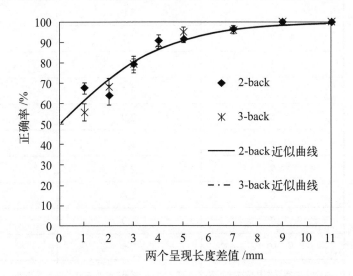

图 9.3　年轻被试者参加 2-back、3-back 实验的长度辨别正确率

指尖上的触觉——基于触觉感知的长度、角度及工作记忆特征研究

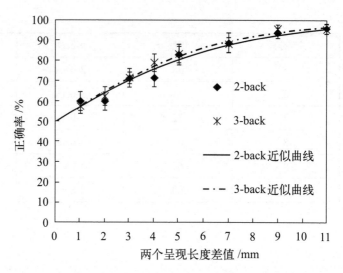

图 9.4　老年被试者参加 2-back、3-back 实验的长度辨别正确率

　　长度辨别阈值是指可以根据某一具体的长度差值进行两个长度的差异分辨，并且正确率达到 75%。年轻被试者和老年被试者的平均辨别阈值结果如表 9.4、表 9.5 所示。

表 9.4　年轻被试者长度辨别阈值　　　　单位：mm

被试者	2-back	3-back
1	3.0	2.8
2	2.1	2.6
3	1.8	2.0
4	3.5	2.7
5	2.9	2.8
6	1.1	2.0
7	2.3	2.2
8	1.8	2.6
9	2.9	2.3
10	2.5	2.2
平均值	2.4	2.4

表9.5　老年被试者长度辨别阈值　　　　　单位：mm

被试者	2-back	3-back
1	8.5	5.5
2	4.4	2.4
3	1.4	5.2
4	4.2	3.6
5	3.8	3.5
6	4.9	2.8
7	2.7	1.9
8	5.6	6.7
9	3.7	3.6
10	2.5	2.4
平均值	4.2	3.8

9.5

考察

2-back 长度辨别实验和 3-back 长度辨别实验的区别是钳抓次数不同，3-back 实验相比 2-back 实验多抓了一次长度，因此，有必要确认关于阈值的结果是否存在差异性。表 9.4 中年轻人阈值结果表明，2-back 和 3-back 无显著性差异（$p > 0.05$）。同样，对于表 9.5 的老年人阈值结果也进行了数据分析，2-back 和 3-back 也无显著性差异（$p > 0.05$）。

对于 2-back 长度辨别实验和 3-back 长度辨别实验，可以认为 3-back 实验的难度更高。虽然需要记忆的数量变多，阈值结果并没有显著性差异。由此可以考虑接下来的情况，在 Fiehler 等的实验中，被试者能够记住 4～5 个刺激。也就是说，2-back 和 3-back 中记住的数量在 4 个以下，因此产生了难度和记忆数量不够。

9.6
实验对比分析

　　实验大致分为长度辨别和 n-back 长度辨别，这两种实验方法都为二者强制选一，并且所呈现的参考长度值和实验长度值相同。因此，可以比较这些实验结果，在上一章节的长度辨别实验中使用相同的大拇指和食指（T-I）的实验可作为 1-back 实验。也就是说，呈现 0 次干扰长度的 n-back 实验为 1-back 实验，呈现 1 次干扰长度的 n-back 实验为 2-back 实验，同样显示 2 次干扰长度的实验为 3-back 实验。因此，可以针对 10 名年轻人及老年人进行 1-back、2-back 和 3-back 实验对比分析。图 9.5 为年轻人 n-back 实验结果汇总，图 9.6 为老年人 n-back 实验结果汇总。关于 n-back 实验的年轻人与老年人阈值结果如表 9.6、表 9.7 所示。

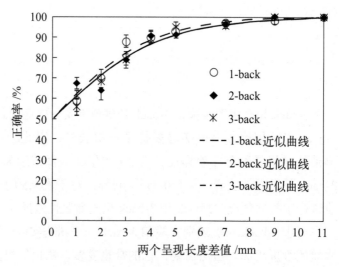

图 9.5　年轻被试者在 1-back、2-back、3-back
实验中的长度辨别正确率平均值

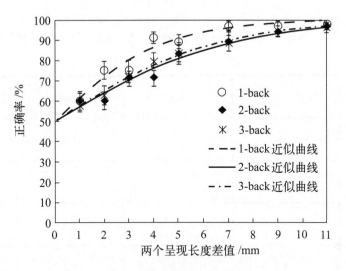

图 9.6　老年被试者在 **1-back**、**2-back**、**3-back**
实验中的长度辨别正确率平均值

表 9.6　年轻被试者在 1-back、2-back、3-back 实验中的长度辨别阈值

单位：mm

被试者	1-back	2-back	3-back
1	2.7	3.0	2.8
2	2.3	2.1	2.6
3	1.9	1.8	2.0
4	3.5	3.5	2.7
5	3.2	2.9	2.8
6	0.8	1.1	2.0
7	1.6	2.3	2.2
8	2.0	1.8	2.6
9	1.7	2.9	2.3
10	1.7	2.5	2.2
平均值	2.1	2.4	2.4

表9.7　老年被试者在 1-back、2-back、3-back 实验中的长度辨别阈值

单位：mm

被试者	1-back	2-back	3-back
1	2.9	8.5	5.5
2	1.8	4.4	2.4
3	1.9	1.4	5.2
4	3.2	4.2	3.6
5	2.9	3.8	3.5
6	2.7	4.9	2.8
7	2.7	2.7	1.9
8	4.6	5.6	6.7
9	1.9	3.7	3.6
10	1.3	2.5	2.4
平均值	2.6	4.2	3.8

　　本实验的另一个研究目的为老化效应，在 2-back 实验中观察到年轻人和老年人的结果如图 9.7 所示，3-back 实验中观察到年轻人和老年人的结果如图 9.8 所示。表 9.8 表示年轻人与老年人被试群体分别在 1-back、2-back 和 3-back 实验中的平均阈值。

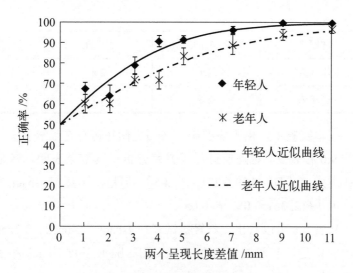

图 9.7 年轻人与老年人在 2-back
实验中的长度辨别正确率对比图

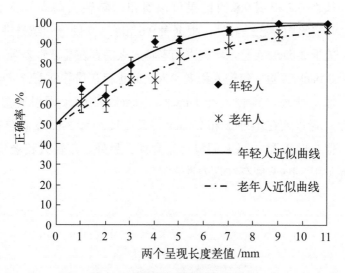

图 9.8 年轻人与老年人在 3-back
实验中的长度辨别正确率对比图

表 9.8　年轻人与老年人在 1-back、2-back、3-back 实验中长度辨别阈值

单位：mm

被试者	1-back	2-back	3-back
年轻人	2.1	2.4	2.4
老年人	2.6	4.2	3.8

在本实验中，由于需要确认各项之间是否存在显著性差异，所以根据表 9.6 和表 9.7 对阈值进行了方差分析。其结果表明，各个 n-back 都存在主效应 [$F(2, 36)=6.271$, $p<0.05$]。但是，年龄和 n-back 间不存在相互作用 [$F(2, 36)=3.087$, $p>0.05$]。

从表 9.8 可以看出，年轻被试者在 1-back、2-back、3-back 之间没有差异。但是，老年被试者在 1-back 和 2-back 以及 1-back 和 3-back 之间存在差异。因此，为了调查有无统计学意义上的显著性差异，分别针对年轻人和老年人的阈值进行了统计学数据分析。在年轻人中，1-back 和 2-back 以及 1-back 和 3-back 没有显著性差异（$p > 0.05$）。在老年人中，1-back 和 2-back 以及 1-back 和 3-back 存在显著性差异（$p < 0.05$）。

从图 9.7 和图 9.8 的结果可以看出，年轻人与老年人在 2-back 和 3-back 实验中存在差异性，根据表 9.6 和表 9.7 阈值的结果进行了数据解析，关于 2-back 实验，年轻人和老年人之间存在显著性差异（$p < 0.05$）；关于 3-back 实验，年轻人和老年人之间也存在显著性差异（$p < 0.05$）。

综上所述，年轻人在 1-back、2-back、3-back 间没有显著性差异。然而，老年人在 1-back 和 2-back 以及 1-back 和 3-back 间存在显著性差异，但 2-back 和 3-back 间没有差异性。另外，年轻人和老年人比较时，2-back 和 3-back 间存在显著性差异。

9.7
讨论

为了研究老化效应，本研究大致分为两种实验，首先是 2 根手指（T-I）和 3 根手指（T-I-M）根据手指数量的不同进行长度辨别实验；其

次是 2-back 和 3-back 的 *n*-back 长度辨别实验。在 2 根手指和 3 根手指的长度辨别实验中，并未从结果中确认年轻人和老年人的长度感知能力差异。其原因可以认为即使随着年龄的增长，老年人的肌肉纺锤的神经数量并没有实质性减少。另外，为了提高实验的难度值，进行了关于延迟时间和 *n*-back 的长度辨别实验。实验结果表明，延迟时间实验中，年轻人与老年人长度记忆能力几乎相同，然而，老年人对于长度记忆数量（*n*-back）的能力相比年轻人较差。被试者对于 2-back 与 3-back 任务的触觉记忆能力几乎相同，其主要原因是对于 5 个以下的记忆刺激，记忆能力没有差异性。

年轻被试者无论在哪个 *n*-back 实验中都没有发现显著差异的理由是，记忆的辨别能力没有变化。2-back 和 3-back 是包括记忆在内的触觉感知的实验。即使 2-back 和 3-back 在记忆方法上有变化，也并未超过人类手的触觉感知能力。如果 2-back 和 3-back 比 1-back 更能辨别，人手的神经和感觉会受到思考等很大影响。但是，对于个别的年轻被试者，1-back 与 2-back 和 3-back 相比，更容易进行辨别。对该被试者进行问卷调查，得到了"做 1-back 实验时，与该实验任务无关，相当疲劳"的回答。由此，根据被试者的困倦等状态，长度辨别能力也会产生很大的变化。

对于老年被试者，与 1-back 相比，2-back 和 3-back 存在显著差异的理由是记忆能力。1-back 只是单纯地进行长度辨别的实验，但在 2-back 和 3-back 中，需要在记忆数量后进行辨别。与 1-back 相比，2-back 和 3-back 有触觉感知难度和记忆数量的不同。

将年轻人和老年人用 2-back 及 3-back 进行比较时，发现有显著性差异。也就是说，包含记忆数量，触觉辨别能力会产生差异，由此可以看出年轻人和老年人的记忆能力不同。关于触觉记忆的 *n*-back 实验方法可以应用于老年痴呆症早期诊断产品的设计研发中。

9.8
总结

为了研究长度感知的老化效应，本研究设计了关于短期工作记忆

（working memory）的长度辨别实验，具体分为延迟时间与 n-back 的长度辨别实验。

首先，在关于延迟时间的长度辨别实验中，被试者分年轻人和老年人，长度辨别阈值并没有很大差别。其主要原因有以下几点：长度辨别是通过皮肤感觉和固有接受感觉进行的，特别是固有接受感觉所占的比例较大。在前人的实验中，通过在年轻人和老年人中进行相同的实验，确认了固有接受感觉的减少和功能下降等老化效应。然而，在本实验中，年轻人组与老年人组并未发现显著性的差异。因此，可以推断在长度感知的实验中，固有接受感觉不存在老化效应。本实验的延迟时间最长为 30s，老年人对于触觉感知的短期记忆能力在 30s 之内保存很好，并未与年轻人产生明显的差异。

其次，n-back 长度辨别实验也是一个包含短期记忆的任务。通过进行该实验，同时利用触觉感知和短期记忆来研究长度辨别能力。其结果表明，与 1-back 相比，2-back 和 3-back 实验中，年轻人和老年人在结果上确认了显著性差异。对于老年被试群体，随着年龄的增长，关于触觉感知的短期记忆能力会随之下降。但是，老年人在 2-back 和 3-back 中没有发现差异，其原因为 2-back 和 3-back 实验任务在难度值方面并没有太大的区别。老年人相对来说，对于短时间内的触觉记忆任务能够较好完成。然而，老年人对于记忆触觉数量的能力相比年轻人较差。

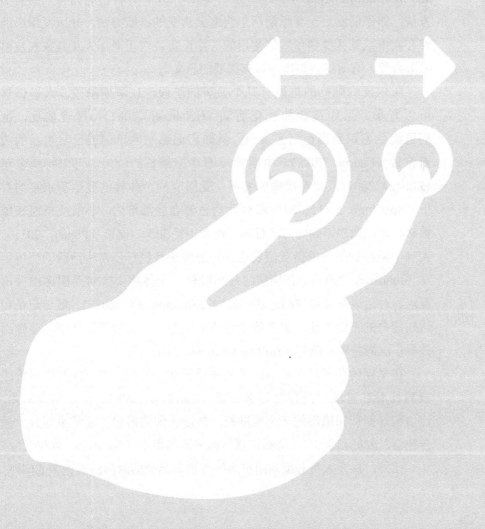

第 **10** 章
阿尔茨海默病
早期诊断的
触觉感知研究

10.1

阿尔茨海默病研究背景

阿尔茨海默病（Alzheimer's disease，AD），又称老年痴呆症，是老年人常见的一种慢性、进展型神经退化疾病，以痴呆为特征的大脑退化变性疾病严重影响患者的认知功能、记忆功能、生活能力和情感人格等（Laurin，2015）。由于发病人数多，涉及范围广，对老年人的生活质量有着严重的影响，故老年痴呆成为当今社会急需解决也是很棘手的问题之一，因此得到越来越多的重视（Piguet，2011）。目前尚无有效的防治方法，如果能制定一套早期阿尔茨海默病变的诊断方法，并研发用户能够在家中或社区保健所就能使用的医疗设备，对于老年人及其家人及时采取合理、有效的预防措施具有重要的意义。

阿尔茨海默病的进展有几个显著的阶段，在早期阶段，人们仍然可以开车、工作及参加社交活动（Holsinger，2007）。尽管如此，他们可能会意识到自己记忆衰退，例如忘记熟悉的单词或日常物品的放置位置（Laurin，2015）。中期阶段通常是最长的阶段，可以持续多年（Zhong，2007）。随着疾病的发展，受影响的个体将需要更高水平的看护（Sperling，2011）。阿尔茨海默病患者会混淆单词，心情变得沮丧或愤怒，并以意想不到的方式行事，例如拒绝洗澡、吃饭（Piguet，2011）。大脑中神经细胞的损伤会使表达自己的想法及执行日常生活活动变得困难（Johnson，2006）。在疾病的最后阶段，个体将失去对周围环境做出反应、对话以及最终控制运动的能力（Simmons 等，2011）。随着记忆和认知能力的不断恶化，患者的个性将发生变化，在日常活动中需要受到外界广泛的帮助及照料（Hollingworth 等，2011）。

在早期阶段尽早诊断 AD 是至关重要的。然而，在 AD 的早期阶段检测其潜在可能性尚存在诸多问题（Carrillo，2009）。在早期诊断中，评估和诊断认知障碍的一个难题是，轻度认知障碍患者通常表现为"适合社会、友好和合作"，能够回答问题并遵循指示（Solomon，2005）。

此外，医疗人员必须利用有限的与患者相处的时间解决更多的问题，如糖尿病、高血压和关节炎，通常也没有足够的时间进行患者的精神状态评估（Mayeux，2005）。更令人担忧的是，许多医生报告说，他们不确定如何诊断、管理或治疗痴呆症相关的疾病（Yang，2003）。

为了改进 AD 的检测方法，许多病理生理学和分子神经学研究都集中在 AD 的病因上，以确定其临床生物标志物（Hampel 等，2010）。近年来，研究人员使用正电子发射断层扫描和功能性磁共振成像来评估 MCI 和 AD 患者的大脑功能缺陷及脑区域间的断开（Huang 等，2010）。

阿尔茨海默病（AD）早期认知症状的表现包括学习、记忆和规划方面的轻度障碍（Ballesteros，2004）。与正常的老年人不同，AD 患者的短期记忆、故事片段记忆和空间辨别能力存在着严重的损害（Adelman，2005）。最终，大多数处于疾病严重阶段的 AD 患者失去了执行日常生活中最简单行为的能力（Hollingworth，2011）。老年人认知能力的异常和下降是最常见的现象，会影响其阅读书籍、寻找路线、识别物体等能力，并且会有注意力和判断能力下降的体现。简易智力状态检查量表（mini-mental state examination，MMSE）和临床痴呆评分（clinical dementia rating，CDR）被用作帮助医生参考确定一个被诊断出有记忆问题的人是否可能患有 AD（Solomon，2005）。

人类通过触觉，在识别物体的形状、质地等方面具有卓越的能力。一项研究报告称，20 名被试者几乎完美地完成了 100 个常见物体的识别，并且每个物体的识别时间少于 3s（Klatzky，1985）。关于触觉能力，一直在探讨的问题是人的触觉探索能力会随着年龄的增长而产生变化（Wheat，2001）。例如，米勒提出了触觉记忆在探索物体后立即开始衰退（Millar，1974）。关于触觉能力的下降，研究人员调查了与触觉相关的形状空间敏锐度以及认知能力（Craig，2000）。一些触觉研究集中在曲率和长度感知方向（Wu，2017）。然而，对于凸起线刺激的触觉探索需要进行更加深入的研究（Wijntjes，2007）。因此，本研究聚焦于角度，因为角度是触觉形状组成的主要元素之一，并且是凸起的触觉刺激。

由于衰老而导致的触觉能力的下降是一个突出的研究主题。老年人探索熟悉的物体时，他们的触觉能力也会有所下降（Ballesteros，2004）。年轻组和老年组（66~85 岁）通过触觉区分物体表面曲率的能力存在显著差异（Norman，2013）。多项研究也证实，通过触觉能力辨别凸起的线条是一种与年龄相关的技能，根据经验和学习而有所不同（Picard，2013）。关于年龄如何影响认知能力的研究有许多相似之处，研究结果表明，正常老年人认知系统的退化是导致其能力下降的原因。对于老年患者来说，其能力下降的原因是年龄以及注意力的损伤。据研究报道，阿尔茨海默病患者在执行手指敲击和点对点手臂运动任务时，会比相同年龄的老年对照组速度慢（Kluger，2007）。

触觉形状辨别是人类主要的手工学习和记忆技能之一，通过体性感觉进行物体的形状辨别能力是从婴儿早期就获得的一项技能，然后逐渐融入日常的生活中。然而，随着年龄的增长，有许多方面会发生变化，并且影响手和手指，皮肤中的机械感受器的密度也会随之降低，周围神经的传导速度明显下降（Voisin，2002）。Ballestros 报告说，阿尔茨海默病患者对熟悉物品（蔬菜、工具、家用物品等）的触觉识别能力比健康的老年人更为受损（Ballesteros，2004）。从实践操作层面，老年人的触觉敏锐性降低会导致一系列的问题，包括无法通过触觉来识别物体，以及识别与皮肤接触的物体的能力受损（Backman，2007）。因此，对于患有阿尔茨海默病的人来说，通过触觉感知能力识别物体的形状会是一项有难度的任务。

初级医疗保健（primary care）的检查测试仍然意义重大，有助于向患者及其家人说明最近日常生活、行为、智力及情绪的变化。老年痴呆症的早期发现带来的益处诸多，例如让患者尽早开始服用药物、解决财务问题、自我护理以及日常生活援助等。目前，虽然有许多关于认知变化的检测方法，然而，并没有持续地或常规地被用作初级医疗保健评估的一部分（Solomon，2000）。在初级医疗保健环境下，最适合使用的应该是费用便宜、持续时间短、易于患者接受、无文化或语言障碍的检测方法或医疗设备。

10.2
AD 早期诊断的意义

早期诊断可以让 AD 患者提前计划，并对未来的护理做出重要决定。

此外，患者的家人也需要得到及时的信息、建议和支持（Mental Health Foundation，2001）。只有及时接受诊断，才能获得有效的药物和非药物治疗，改善患者的认知能力，提高其生活质量（Banerjee，2010）。

缺乏早期诊断是改善阿尔茨海默病人、家人和护理人员生活的一个重大障碍。医疗和其他有益的干预措施只适用于那些寻求并得到诊断的人群（Connell，2004）。目前可用的药物治疗、心理和社会干预措施能够有效改善 AD 患者的症状，并在疾病早期阶段减轻照护者的压力（Lopponen，2009）。

10.3
常用的 AD 诊断方法

① 简易精神状态量表（mini-mental state examination，MMSE）：主要包含意识水平、定向力、语言、记忆、信息储备、洞察和判断、抽象思维以及计算能力的测试。由 Folstein 等于 1975 年编制，是最具影响的标准化智力状态检查工具之一，作为认知障碍的检查方法（Folstein，1975）。该量表可以用于阿尔茨海默病的筛查，简单易行，测试时间短，在仅定向评估和短期记忆的测试中占据主导地位（Wind，1997）。缺点为对于阿尔茨海默病早期敏感性差，对于血管性、多发硬化性、帕金森性的认知功能障碍敏感性差，对于失语症和构音障碍的患者，此检查不太适用（Tombaugu，1992）。

② 蒙特利尔认知测验（montreal cognitive assessment，MoCA）：根据临床经验并参考 MMSE 制定，最初被用作一种简单的筛查轻度认知功能障碍（MCI）的工具，评估痴呆症中许多受损的认知功能，具有较好的灵敏度和特异度（Fillit，2006）。该测试是一个单页的 30 分测试，仅耗时 10min。Nasreddine 等制定的 MoCA 内容覆盖 8 方面重要的认知领域，优于 MMSE，并且对于轻度认知功能障碍患者的识别力也优于 MMSE，评分方式与 MMSE 相同，简单易行，适合临床运用（Nasreddine，2005）。

③ 画钟测试（clock drawing test，CDT）：是一种单项神经心理测验，

因为操作简便、费时短、即使文化水平不高者也能使用等优势，敏感性在80%～90%，有较好的信赖度与检测效率，常常被用于门诊或较大规模的筛查中（Nishiwaki，2004）。CDT在早期阿尔茨海默病诊断方面非常有意义。实验方法为要求测试者在10min内徒手画出一个时钟，并且指针指向11点10分。CDT看似简单，完成它却需要很多认知过程的参与：对测验的理解；计划性；视觉记忆和图形重建；视觉空间能力；运动和操作能力（画出圆和直线）；数字记忆、排列能力；抽象思维能力；抗干扰能力；注意力的集中和持久及对挫折的耐受能力（Kirby，2001）。完成CDT任务需要足够的智力和感知技能，在推断测试者认知障碍方面是一项有力的工具（Eschweiler，2010）。

④ 迷你认知评估工具（the mini cognitive assessments instrument，Mini-Cog）：由于画钟测试（CDT）作为一种特殊的筛查工具，其对认知障碍的敏感性和预测能力有限（Borson，2005），因此，Mini-Cog在画钟测试的基础上增加了一项单词的回忆测试项目。测试者需要先认真听，并记住三个不相关的词汇。随后，进行画钟测试。最后，测试者需要回忆最初的三个词汇的名称。在一个与文化、语言和教育无关的老年人社区样本中，Mini-Cog的敏感性为99%，并以96%的准确率对患者进行了分类（Brodaty，2006）。Mini-Cog在区分不同民族的老年痴呆症群体时，其正确率与MMSE相同或优于MMSE，更加适用于非英语使用者，并且不受低识字率和教育程度的影响（Milne，2008）。

⑤ 艾登布鲁克认知测验（Addenbrooke's cognitive examination，ACE）：ACE是一个多领域的测试，测试时间为12～20min。该测试分五个认知领域，总分100分。这五个领域是注意力/方向、流畅性、语言、记忆和视觉空间功能（Ismail，2010）。ACE已被证明可以区分由重度抑郁引起的认知损伤和由痴呆引起的认知损伤。ACE是相对较新的认知筛查工具。尽管ACE已经在国际上得到了认可，但不同的研究团队需要对其优缺点进行额外考虑。ACE可能存在的一个问题是，其得分与不同类型痴呆患者的基本常规活动记录不一致（Cullen，2007）。

⑥ 抑郁量表调查表明，我国70岁及以上的老年人中有5%～20%存在不同程度的抑郁状态。老年抑郁症常伴有MCI（轻度认知障碍），可能加速向痴呆的转化，通过抑郁量表测试早期发现老年抑郁症患者同时给

予有效的抗抑郁药物治疗能减缓 MCI 患者向痴呆转化。目前，可用于测试的量表有汉密顿抑郁量表、老年抑郁量表、康奈尔痴呆抑郁量表等，其中康奈尔痴呆抑郁量表有助于对 AD 患者进行抑郁诊断，此量表最早由 Alexopoulos 等编制，包含 5 个因子，分别为情绪相关性症状、行为异常、躯体症状、睡眠障碍和思维障碍。通过对患者本人及患者的照顾者进行询问，评定患者近 1 周来的表现。

⑦ 神经精神量表（neuropsychiatric inventory，NPI）：可用于定量分析 AD 患者的精神行为症状。在 AD 患者中，精神行为症状普遍存在，临床典型的 AD 患者中，88% 出现各种行为学症状。研究表明，大多数 AD 患者的行为学异常可通过药物治疗，且具有一定的疗效（Mattsson，2009）。因此，对患者进行神经精神评估是有必要的。NPI 包括 10 个行为学症状指标：妄想、幻觉、激越 / 攻击行为、抑郁 / 心境恶劣、忧虑、情感高涨 / 欣快、情感冷淡 / 不闻不问、脱抑制、易激惹 / 情绪不稳、异样运动行为（Boustani，2005）。

⑧ 磁共振功能成像（functional magnetic resonance imaging，fMRI）：目前影像学手段用于 AD 诊断方面运用较多的是 fMRI。AD 影像学表现为脑萎缩、脑回变窄、脑沟增宽，尤其以额顶及前额叶的萎缩最为明显。枕叶皮质、初级运动和躯体感觉皮质无明显萎缩。冠状切面显示脑室系统对称性扩大，脑皮质变薄。目前利用 fMRI 的 T1WI 成像技术，能显示脑萎缩等结构改变，且主要用感兴趣区和基于体素的形态学测量这两种方法进行分析。

⑨ 正电子发射型计算机断层显像（Positron Emission computed Tomography，PET）：在神经病学领域应用也有了突飞猛进的发展，利用 β 衰变核素成像的放射性核素体层显像技术，是一种无创探索人脑生化代谢和功能的新技术。最早用于 AD 诊断的 PET 显像剂是氟代脱氧葡萄糖，能够反映脑葡萄糖的代谢水平，了解脑细胞受损的情况。在 AD 患者出现明显的临床症状之前，脑内糖代谢的生理学改变已经存在，通过氟代脱氧葡萄糖 PET 检测，可为 AD 的早期诊断提供依据（Cullen，2007）。

综上所述，阿尔茨海默病的筛查方法主要关注语言、回忆和定向等认知能力，还关注测试者是否注意力集中，是否能复述情景记忆，是否能准确地进行计算，以及是否有能力理解。

总的来说，筛查方法聚焦于测试者的三项认知功能，分别为注意力、学习和记忆。注意力被定义为专注于信息的一个离散方面，而忽略了其他可感知的信息。学习被定义为对信息的吸收、处理和保留。记忆是对信息进行编码、存储和检索的行为。

我们发现记忆和学习是当前筛查测试的焦点。这是可以理解的，因为筛查评估通常是主观记忆的结果。此外，阿尔茨海默病的早期症状之一是工作记忆受损。相对简单的测试，例如时钟绘制测试，仅测试了较少的认知功能，具有一定的局限性。

10.4
触觉检测方法对于 AD 早期诊断的优势

① 量表测量方法在 AD 的诊断及评价疾病愈后方面发挥了重要的作用，但是，该量表分项较粗，侧重于定向、记忆、注意力、回忆、语言方面的评定，忽略了空间感知、思维操作等其他认知方面的评定，不能全面反映其认知功能。也可能由于老年人接受的教育和文化程度的差异，从而产生假阳性的可能。

② 简单的画钟测试（CDT）不到一分钟就能完成，难免受到教育和语言等复杂因素的影响。

③ 影像学方法在 AD 早期诊断方面不具备优势，费用昂贵。

④ 触觉感知方法的优势在于能够很好地测试被试者对于物体的空间感知、注意力、记忆、回忆等方面的能力，这对于实现综合性、全面性、可靠性地评价老年人是否患有早期 AD 具有重要意义。

10.5
研究目的

本研究的目的为调查 MCI 和 AD 患者的工作记忆能力衰退是否成为

导致角度辨别能力下降的因素。通过角度辨别的实验方法，对比健康老年人、轻度认知障碍老年人及阿尔茨海默病老年人被试群体，探讨被试群体间是否存在触觉感知能力的差异。通过本研究，不仅可以得到老年人对于物体的形状感知的特性，还能够探索阿尔茨海默病患者的触觉感知能力及差异，进而为阿尔茨海默病早期诊断方法的建立提供重要的研究基础及实验方法。研究结果对于设计心理学、认知神经学、人机工程学、老年福祉学等具有重要的研究意义和数据参考价值。

10.6
实验设备

图 10.1 表示自动触觉呈现系统的电子部件。该系统由电源、电机控制器和驱动器、5 相步进电机和光断续器组成。计算机和主设备通过电机控制器连接。两个信号从自主设备传送到计算机，一个来自计算机的输出信号控制自动触觉呈现系统。在紧急情况下，触觉呈现系统将通过激活紧急开关停止所有电机运动。

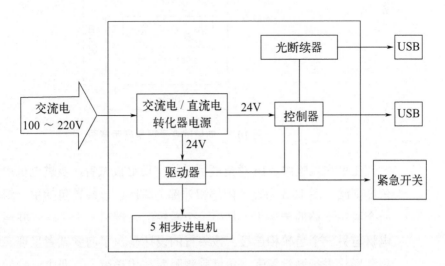

图 10.1　角度呈现装置系统的电子元件框图

图 10.2 表示用于本实验的角度刺激的种类。角度图案由专门定制的亚克力材料制成，70mm×52mm×1mm 的平面凸起 0.5mm（精度 ±0.01mm）。为了去除尖锐度，每个部分的边缘都被倒角处理（半径 0.5mm）。一个参考角（60°）和 8 个比较角度（64°～110°）被用于呈现角度刺激。角度由两条在两个空间维度上变化的凸起线（即角的臂）形成，长度 7.0mm，宽度 1.5mm。该板固定在另一个亚克力板的平面上，其中包含刺激基地（52mm×70mm×5mm）和 5 颗 M3 的螺钉。这种组合被连接到用于给被试者呈现触觉刺激的传送带上。

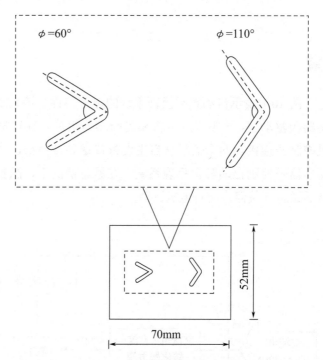

图 10.2　向被试者呈现角度示意图

在每次试验中，16 对角度刺激将呈现给被试者，步进电机用于传递角度刺激，图 10.3 为设备内部和外部鸟瞰图。该装置包括由一组轨道和两个滑轮支撑的传送带，其中一个滑轮的末端有一个齿轮，并通过步进电机与另一个齿轮相连接。该装置的设计是为了向受试者呈现二维角度刺激形状进行触觉探索。角度刺激附着在传送带上，两个滑轮的旋转将角度刺激引导到触摸窗口。

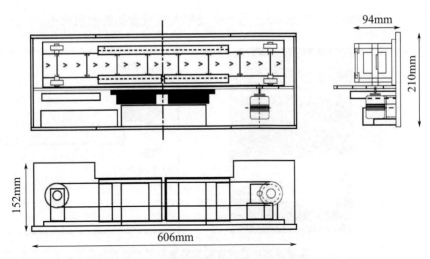

图 10.3 触觉呈现设备内部和外部鸟瞰图

传送带可以不同的速度或向任何方向（向上或向后）移动，并通过特定的程序、按照预定的步骤控制齿轮移动和数据的采集。此设备的程序是使用 Visual Basic 6（Microsoft）作为控制命令。实验者还可以改变步进电机的速度。为了让被试者触摸下一个触觉刺激，实验者必须点击开始按钮。同样的过程将被重复。如图 10.4（a）可看出，该装置被分为触觉刺激和电子模块两部分，这两个部分由一块 5mm 厚的透明亚克力板制成的隔板隔开。

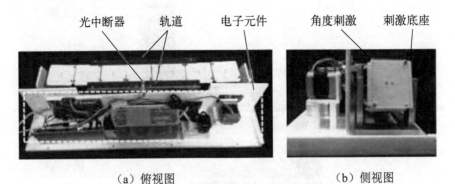

（a）俯视图　　　　　　　　　　　（b）侧视图

图 10.4 触觉呈现装置内部的俯视图和侧视图

如图 10.5 所示，触摸窗口是被试者在实验过程中需要放置食指的位置，位于实验装备的中线位置。在这里，食指接触角度刺激，触摸窗口长 30mm，宽 25mm，为一个成年人放置食指的面积大小。

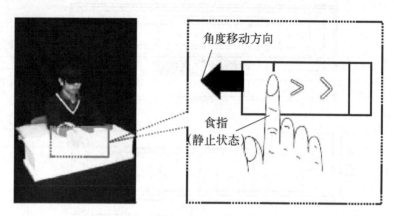

图 10.5 实验过程中被试者触觉角度刺激运动方向及被试者手指放置位置

传递角度刺激的传送带尺寸为 1143mm 长、37.1mm 宽和 8.525mm
间距，型号为 TBN-4500L（Misumi Group INC，Koto-ku，Tokyo），橡胶
材质并且表面光滑。它的设计是灵活的，但抗拉伸。每个带有凸起角度
刺激的亚克力板都连接到传送带上，如图 10.6 所示，每个刺激板底座的
长度为 70mm，按照目前的设计，传送带可以加载 16 对角度刺激，这样
在传送带末端会留下 ±20mm 的多余传送带材料。为了消除皮带末端多
余的材料，制作时比正常的亚克力板底座宽 20mm。

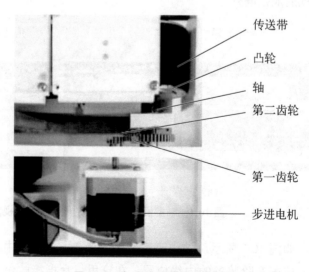

图 10.6 角度呈现装置内部构造

实验开始时，触觉角度刺激位于传送带下方并夹在两个滑轮之间，通过轨道传输至触摸窗口。当传送带穿过触摸窗口时，这个轨道支撑着传送带，并允许受试者在触摸过程中对触觉刺激施加压力，同时保证传送带不产生形变。

10.7
实验方法

10.7.1 被试者信息

三组被试者（NC、MCI、AD）参与了本研究，通过爱丁堡利手调查证实了所有被试者都为右利手（Oldfield，1971）。爱丁堡利手调查是评估一个人的右手或左手在日常活动中占据优势手的测量量表。所有被试者在运动、感觉系统以及深肌腱反射方面均无异常，并且都签署了实验知情同意书。

正常老年（Normal Control，NC）组由 14 名年龄范围在 67～79 岁间的被试者组成。NC 的定义为被试者在日常生活中均无任何认知能力的异常，且 MMSE 的评价值大于等于 27（Folstein，1975）；临床痴呆评定量表（Clinical Dementia Rating，CDR）评价值为 0（Hughes，1982）。NC 被试者中无任何人患有精神病史，在实验前也没有人服用影响中枢神经系统的药物。

轻度认知障碍（Mild Cognitive Impairment，MCI）组由 10 名年龄范围在 56～85 岁之间的被试者组成。采用 Petersen 标准判断筛选出 MCI 的患者（Petersen，1999）。此外，所有 MCI 患者的 MMSE 评分均为 27 或更高，并且 CDR 量表得分为 0.5。这些被试者也接受了磁共振成像（MRI），以确认他们没有影响记忆敏感基底的病变。MCI 患者的记忆表现通常比同龄健康老年人的平均值低 1.5 个参考偏差，包括言语学习、识别、回忆测试、整体认知功能和日常生活障碍活动（Morris，1989）。

AD 组由 13 名年龄范围在 57～83 岁间的被试者组成。AD 的诊断是根据美国国家神经沟通障碍与中风研究所，以及阿尔茨海默病疾病协会的标准执行（Morris，1989）。所有 AD 患者的 MMSE 评分在 15～26，CDR 评分为 1 或 2，对应于轻度至中度 AD。

10.7.2 角度刺激

本实验采用一个参考角度和八个比较角度，每次试验包含一个参考角度和一个比较角度。图 10.7（a）为实验中向被试者呈现角度的示意图，角度的顶点总是指向右边。参考角度的大小为 60°，比较角度的大小分别为 64°、68°、72°、76°、80°、84°、92°、110°。凸起的角由定制的塑料形状组成，在边长 40.0mm 的正方形底座上凸起高度 0.5mm。角度由正方形底座中心的两条凸起线（即角度的臂）形成，加工精度 ±0.1mm，臂长 8.0mm，宽 1.5mm。

如图 10.7（b）所示，向被试者呈现的两个角度在水平方向上固定在实验设备上。被试者在实验过程中坐在椅子上，并使用眼罩遮断视觉信息的摄入。被试者的右手用胶带固定在不动的塑料板上，只有右手的食指与呈现的角度接触。实验设备由一个电动滑块组成，该滑块在横向平面内沿水平轴移动角度，并限制在 200.0mm 的最大移动范围内。移动的精度为 0.01mm，速度范围为 0.01～100.0mm/s，这两个参数都由计算机控制。

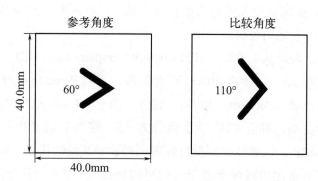

(a) 本实验中使用的参考角度和比较角度的图示

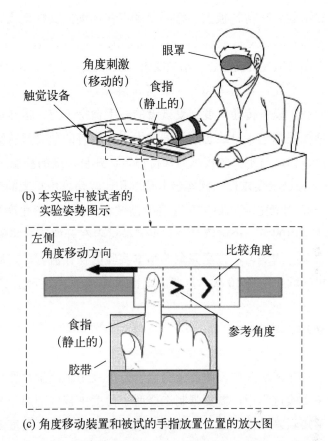

(b) 本实验中被试者的
　　实验姿势图示

(c) 角度移动装置和被试的手指放置位置的放大图

图 10.7　被试者用右手的食指指尖触摸触觉提示装置所提示的

三角形顶端的角度并感知其角度大小

　　每组试验包含的参考角度和比较角度被固定在仪器上，这些角度通过触觉装置上的电动滑块在水平方向上从右向左移动，被试者的右手被固定在塑料板上，并在每次辨别试验中保持静止。角度从食指下方经过时受试者会感知到角度，只有右手食指才能接触到这两个角度，被试者被要求辨别出两个角度中较大的一个

10.7.3 实验步骤

　　本实验根据每个被试者判断参考角度和比较角度差值的能力来测量角度辨别阈值。如图 10.7（c）所示，所有被试者都被要求将右手食指放置在平板的起始点。为了在垂直方向上保持右手食指和手臂的位置，将

右手固定在塑料板上，将前臂固定在不动的支撑架上。此外，所有被试者都要求保持右手不动，通过被动的方式感知角度。对于 AD 患者，实验者会间歇性地提醒患者相关要求，以确保遵守辨别两个角度大小的规则。

首先，实验者将一个参考角度和八个比较角度固定在触觉设备上。然后，设备传递角度到受试者的右手食指下方，这样被试者就可以通过遵循假想的平分线感知角度的大小。所有的角度都从端点向顶点移动穿过食指，与指尖的接触力保持恒定，并且角度的移动速度保持在 5.0mm/s。被试者要求口头回答参考角度和比较角度中更大的那个（两者强制选一）。角度以随机的方式呈现给被试者，例如参考角度为呈现给被试者的角度中的第一个或第二个。每名被试者在开始正式实验前，必须接受 10 次以上的练习，直至完全熟悉本实验的操作流程。之后，每对角度以随机的顺序呈现 10 次，每名被试者完成 80 次角度辨别试验。

10.7.4 数据处理解析

在本研究中，两者强制选一方法被用来测量角度辨别阈值。被试者在实验过程中，需要强制选择两个角度中较大的那一个，即使他们无法感知到差异性。图 10.8 表示一名 NC 被试者计算角度辨别阈值的具体例子，横坐标代表参考角度和比较角度的差值，纵坐标代表角度辨别的正确率。

理论上对于两种选择，使用两者强制选一方法的猜中率（机会水平）为 50%，最高正确率为 100%。在本实验中，当出现小的差异（2°）时，正确率处在机会水平（即接近 50%），并且随着参考角度和比较角度间差值的增加而提高，当差值大于 32°时达到 100%。逻辑曲线是最常见的 S 形曲线，在认知心理学实验中广泛用于测量阈值（Voision，2002），关于角度辨别正确率的逻辑函数计算公式如下

$$\text{Accuracy} = \frac{1}{1 + e^{d|\text{RA}-\text{CA}|}} \tag{10.1}$$

式中，Accuracy 为正确率；d 为逻辑曲线的唯一自由度，并进行调整以拟合正确率数据；RA 和 CA 分别为参考角度和比较角度的数值。

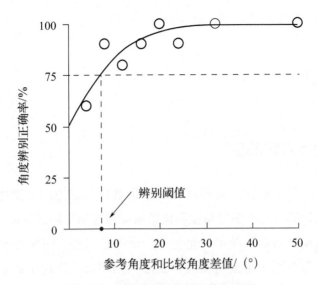

图 10.8 角度辨别阈值的计算方法图

一名被试者角度辨别的正确率（空圆点）被绘制成比较（62°～110°）和参考角度差值（60°）的函数，实线表示计算阈值的逻辑曲线，水平虚线表示角度辨别正确率为 75%，正确率 75% 线和逻辑曲线间的交点，对应的横坐标值被定义为阈值。对于这名被试者，角度辨别阈值为 7.8°

如图 10.8 所示，当角度辨别正确率为 75% 时，参考角度与比较角度的差值（横坐标值）被定义为角度辨别阈值。关于角度辨别阈值的逻辑函数计算公式如下（X=75% 正确率）。最后，将数据纳入逻辑函数式（10.1）和式（10.2）。相同的数据解析流程应用于本实验中的所有数据。

$$DT = d^{-1}\ln\frac{1-X}{X} \qquad (10.2)$$

角度辨别阈值的计算通过逻辑函数进行回归分析。使用单因素方差分析（ANOVA）方法对比了三个被试者组有关正确率和阈值的差异性。显著性水平设定为 $p < 0.05$，采用 Bonferroni 测试（α=0.05）检测各组之间的差异性。为了比较角度辨别正确率和 MMSE 评分的灵敏度，采用接受者操作特征（ROC）分析实验结果，使用 SPSS 软件进行所有数据的分析。

10.8
实验结果

10.8.1 角度辨别正确率

为了研究三组被试者对于角度辨别能力的差异性，分别计算了三组被试者对于参考角度和比较角度差值的平均正确率。正确率被定义为正确试验的次数除以角度辨别试验总次数。如图 10.9（a）所示，正确率随着两个呈现角度差值的增大而增高。平均正确率的回归分析得出 NC、MCI 和 AD 三组的 r^2 值分别为 0.98、0.98 和 0.67 ［NC：$F(1, 6)$=323.95，$p < 0.001$；MCI：$F(1, 6)$=473.76，$p < 0.001$；AD：$F(1, 6)$=12.16，p=0.013］。图 10.9 中三组被试者代表的三条回归逻辑曲线相似。然而，逻辑曲线呈现整体向右移动的趋势，即从 NC 组（左侧）移动到 AD 组（右侧）。关于正确率的实验结果表明，NC 组、MCI 组和 AD 组的正确率增加趋势有所不同。

注：r^2（r-squared）在回归分析中表示模型解释因变量变异的比例，是衡量模型拟合优度的指标。r^2 的取值范围在 0～1 之间，值越接近 1，表明模型拟合优度越好，即自变量能够更好地解释因变量的变化。简而言之，r^2 衡量的是模型对数据的拟合程度。

如图 10.9（b）所示，角度辨别的平均正确率对于三组被试群体分别为 NC（82.1%±2.2%）、MCI（78.6%±1.8%）、AD（67.9%±2.5%）。我们对平均正确率进行了单向方差分析。三组之间角度辨别的平均正确率存在显著性差异 ［$F(2, 34)$=8.01，p=0.001］。使用 Bonferroni 校正的多重比较（α=0.05）分析表明，AD 患者的平均正确率显著低于 MCI 患者（p=0.04）和 NC 被试者（p=0.001）。然而，MCI 患者和 NC 被试者之间的正确性差异并不显著（p=0.93）。

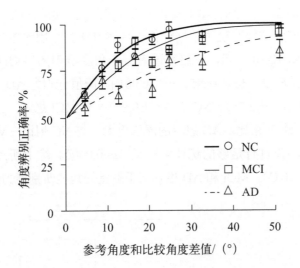

（a）拟合到数据的逻辑曲线以及角度辨别平均正确率

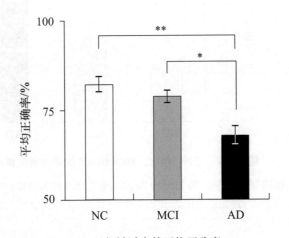

（b）三组被试者的平均正确率
（NC：82.1%±2.2%，MCI：78.6%±1.8%，AD：67.9%±2.5%），
垂直误差棒表示平均正确率的标准误差，*$p < 0.05$、**$p < 0.001$

图 10.9　与 NC 相比，MCI 和 AD 正确率的动态变化趋势和平均值

10.8.2 角度辨别阈值

为了进一步检验 MCI 和 AD 患者的角度辨别能力是否有所下降，对于角度辨别阈值开展了数据分析，具体方法为单因素方差分析和多重比较。如图 10.10 所示，三组被试者对于角度辨别的平均阈值存在显著的差异性 [$F_{(2, 34)}$ =9.45，$p < 0.001$]，阈值分别为 AD（25.2° ±4.2°）、MCI（13.8° ±2.7°）、NC（8.7° ±0.8°）。与 MCI 患者（p=0.036）和 NC（$p < 0.001$）相比，AD 患者的阈值更大。与 NC 相比，MCI 患者的阈值也更大，并具有足够的统计学意义（p=0.049）。综上所述，相较于正常老年人（NC），MCI 和 AD 患者基于触觉的角度辨别能力有显著下降。

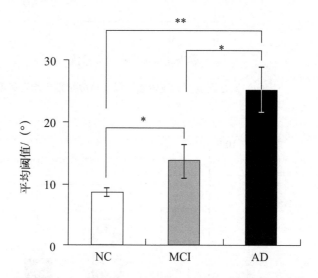

图 10.10 **与 NC 相比，MCI 和 AD 的平均角度辨别阈值**

三组被试者的平均阈值分别为 NC（8.7° ±0.8°）、MCI（13.8° ±2.7°）、AD（25.2° ±4.2°），垂直误差棒表示平均阈值的标准误差，*$p < 0.05$、**$p < 0.001$

10.8.3 正确率与 MMSE 比较

ROC 曲线运用于医学诊断实验、预测模型性能评估等，反映了敏感性（真阳性率）和特异性（真阴性率）之间的连续变化关系（Zou，2007）。ROC 曲线的一个重要特征是曲线下面积（Area Under Curve，

AUC），AUC=0.5 表示随机分类，识别能力为 0；AUC 越接近 1，识别
能力越强；AUC=1 表示完全识别（Mendiondo，2003）。

　　本实验使用 ROC 分析比较角度辨别的正确率与 MMSE 评分的敏
感性。诊断正确率的基本衡量标准为敏感性（真阳性率）和特异性（真
阴性率）。表 10.1 和表 10.2 分别表示 AD、MCI、NC 三组被试者的角
度辨别正确率和 MMSE 评分的百分比分布。如前所述，所有的 NC 和
MCI 患者 MMSE 评分大于等于 27，CDR 评分为 0 和 0.5，然而，所有
AD 患者的 MMSE 评分范围在 15～26。因此，图 10.11 只比较了 NC 和
MCI 的正确率和 MMSE 评分的 ROC 曲线。曲线下面积 AUC 是一个关
于诊断正确率的总体评估方式。如图 10.11 所示，角度辨别正确率 AUC
值为 0.658，MMSE 的 AUC 值为 0.611。本实验采用基于触觉感知的角
度辨别的新型实验方法，相比传统的 MMSE 量表评分，具有较好的敏
感性。

表 10.1　所有被试者的角度辨别正确率分布情况

项目	正确率 /%						
	55～65	66～70	71～75	76～80	81～85	86～90	91～
AD	46.2%	0.0%	23.1%	23.1%	7.7%	0.0%	0.0%
MCI	0.0%	10.0%	20.0%	10.0%	50.0%	0.0%	0.0%
NC	0.0%	14.3%	7.1%	7.1%	42.9%	14.3%	14.3%

表 10.2　所有被试者的 MMSE 评分分布情况

项目	MMSE 评分				
	15～26	27	28	29	30
AD	100.0%	0.0%	0.0%	0.0%	0.0%
MCI	0.0%	40.0%	10.0%	30.0%	20.0%
NC	0.0%	29.0%	0.0%	35.0%	36.0%

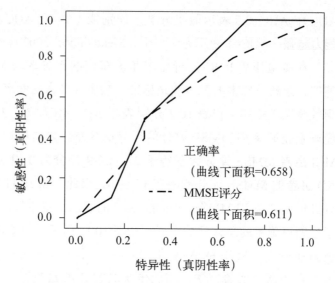

图 10.11　角度辨别实验的受试者工作特征（ROC）曲线

分析对象为 MCI 和 AD 患者，实线表示角度辨别正确率，虚线表示 MMSE 评分，本图结果表明，角度辨别准确率的曲线下面积（AUC）大于 MMSE 评分

10.9
讨论

本研究结果表明，与年龄段匹配的健康老年被试者（Normal Control，NC）相比，MCI 或 AD 患者的触觉角度辨别能力有所下降，且存在显著的差异性（NC > MCI > AD）。如图 10.9 和图 10.10 所示，AD 患者的角度辨别的平均正确率和阈值显著劣于 NC 和 MCI 患者。虽然，MCI 患者的角度辨别阈值显著高于 NC，但 MCI 组的正确率与 NC 组相似。

实验过程中，所有的被试者都要求被动地感知右手食指下传递来的角度，辨别每个角度对中较大的那一个，每对角度由参考角度和比较角度组成。本实验的角度感知是一个典型的关于触觉的被动形状辨别任务。感觉反馈是由位于皮肤中的四个机械感觉传入系统产生的，对于被动触觉的形状辨别至关重要（Johnson，2001）。先前的研究也表明，触觉形状感知可以定义为皮肤机械感受器功能的总和（Goodwin，1997）。然而，随着年龄的增长，手和手指会发生许多解剖学和形态学方面的变化，皮肤中机械感受器的密度降低（Wollard，1936），并且周围神经的传导速度随着年龄的增长而显著降低（Peters，2002）。

体性感觉系统（somatosensory system）是一个由感受器和加工处理中心组成的多样化的感觉系统。指尖的触觉空间敏锐度会随着年龄的增长而显著下降（Hodzic，2004）。先前的研究表明，这种变化对触觉空间辨别有两种可能的影响：触觉感知在大脑中枢通路的变化；年轻人和老年人传入神经密度的差异（Wijntjes，2007）。

老年人的触觉灵敏度降低会导致一系列问题出现，包括无法通过触摸识别物体以及感知与皮肤接触物体的能力受损（Vega-Bermudez，2002）。因此，与正常的年轻被试者相比，正常的老年被试者辨别角度的能力自然较差。例如，先前的研究结果表明，正常的年轻被试者对于角度辨别的平均阈值为 3.7°（Wu，2010）。本研究的正常老年人对于角度辨别的平均阈值为 8.7°，是年轻人的 2 倍以上。本研究的结果表明，老年被试者（NC）、MCI 和 AD 患者能够完成角度辨别任务［见图 10.9（a）］，三组被试者的平均正确率都随着参考角度和比较角度间的差值的增加而提高，并且当差值大于 32°时，正确率超过 80%。当前实验中的所有被试者都能清楚地感知到角度刺激大小的变化。

在本实验中，发现了 MCI 和 AD 患者中角度辨别能力的显著退化现象。AD 最早的症状之一是工作记忆（working memory）能力受损（Baddeley，1991；Backman，2007）。先前的研究也发现，与健康老年人相比，MCI 患者的记忆能力也会受损（Peterson，1999）。本实验要求所有的被试者辨别两个角度中更大的那一个，为了完成这项任务，被试者必须记住第一个角度的构成特征，然后将其与第二个角度进行比较以做出判断。工作记忆有助于通过体性感觉辨别物体（Kitada，2006），因此，本研究 MCI 和 AD 患者的工作记忆受损是导致角度辨别能力下降的一个重要因素。

此外，本研究发现 AD 患者的平均正确率显著低于 MCI 和 NC 组（见图 10.9）。AD 患者的平均阈值也显著高于 MCI 和 NC 组。具体而言，AD 患者的平均阈值几乎是 MCI 患者阈值的两倍（见图 10.10）。研究结果也发现，MCI 患者和 NC 组之间的平均阈值差异显著，而 MCI 患者与NC 组的平均正确率保持不变 [见图 10.9 （b）、图 10.10]。解释实验结果的原因有两个，首先，AD 是一种神经退行性脑疾病，与 MCI 患者不同，AD 患者具有更严重的工作记忆缺陷和障碍（McKhann，1984）；其次，在 MCI 患者中发现的独立性记忆损伤比在健康老年人中观察到的更加严重，而其他认知功能保持正常（Petersen，1999；Reite，1988）。相比之下，AD 患者在空间学习、记忆、计划和问题解决方面存在进一步的缺陷（Stevens，1996）。AD 患者的这些严重的认知、记忆退化现象解释了其在角度辨别方面劣于 MCI 和 NC 的原因。

通过触摸来区分两个不同的物体，人类需要将第一个物体的空间信息存储在工作记忆中，然后比较第一个物体和第二个物体的空间结构（Hodzic，2004）。这一过程激活了大脑广泛分布的区域，主要包括与皮肤凹陷的初始处理有关的区域（即初级和次级体感皮层），用于计算和精细重建形状的高级区域（即顶叶内沟的一部分等），以及用于触觉工作记忆处理的前额叶皮质（Picard，2013）。

触觉空间辨别过程激活了广泛分布的大脑网络。神经影像学研究的结果也支持上述的观点。例如，顶内沟（位于顶叶的侧表面）在光栅和形状的辨别过程中参与多感觉空间处理（Roland，1998）。事实上，顶内沟是计算和重建精细形状的高级区域（Bodegrd，2001）。一些神经影像学研究揭示了额叶、颞叶和顶叶皮质的异常导致 AD 患者的功能缺陷（Shen，2006；Delbeuck，2003）。因此，本实验结果表明，与 MCI 患者和 NC 相比，AD 患者的工作记忆损伤和空间辨别退化都是造成角度辨别能力下降的原因。

MMSE 是一项简短的心理状态测试量表，旨在量化成年人的认知状态（Stevens，1995）。如今，MMSE 已成为诊断记忆问题或老年痴呆症时最常用的方法。研究结果中也呈现了用 ROC 绘制的关于角度辨别正确率和阈值的图（见图 10.11），结果表明，当使用角度辨别的正确率来区分 MCI 患者和正常老年人时，其可信赖度优于 MMSE 方法。MMSE 在测量方法上也具有一定的局限性。例如，先前的研究表明，MMSE 在测量准确率方面约为 80%。因此，MMSE 的评分可能并不代表所有个体具有认知功能缺陷。另一方面，本研究特别关注了 MCI 和 AD 患者与 NC

在触觉角度辨别能力方面的差异。目前的角度辨别实验包括工作记忆、辨别空间和解决问题的程序，本研究的发现也存在不可避免的局限性。我们发现使用目前的这套触觉辨别系统，MCI 患者和 NC 之间的触觉角度辨别能力显著下降。这套新型的触觉感知方法，能够为阿尔茨海默病早期诊断提供一定的研究基础及设计创新。

10.10
总结

本研究提出的触觉角度辨别，可以作为一种至关重要的检测方法，并纳入阿尔茨海默病患者的早期诊断应用中。触觉的空间辨别是人类主要的手工学习和记忆技能之一。指尖的触觉空间敏锐度会随着年龄的增长而显著变化。触觉的空间辨别方法是一种患者可接受的评估方法，甚至不用考虑患者的教育、文化、语言等差异性。基于上述总结，我们可以得出结论，在筛查中使用触觉测试似乎是区分 AD 患者与正常老年人的关键。在未来，重要的是要确保这些测试的心理测量鲁棒性和广泛的认知覆盖领域。

本研究开发的紧凑型触觉角度呈现设备，其优点为重量轻、耐用，且内部传送带的张力和设备支架的弯曲度都通过了精密的计算。控制程序易于连接设备，且能够广泛应用到医疗设备中。根据用户自身的节奏，该设备的检测时间只需要持续 15～20min。

本研究结果表明，阿尔茨海默病患者和正常老年人之间的角度感知差异显著，这意味着该设备能够用于阿尔茨海默病的早期检测。15～20min 的检测时间也易于接受，相较于传统的需要花费 40min 以上的临床诊断，能够节约更多的时间、人力、成本。在不久的将来，我们期望该设备能够广泛应用到老年痴呆症的早期检测中。

参考文献

[1] 马进，胡洁，朱国牛，等．基于设计形态学的军事仿生机器人研究现状与进展 [J]．包装工程，2022：43（4）：1-11.

[2] 席涛，周芷薇，余非石．设计科学研究方法探讨 [J]．包装工程，2021，42（8）：63-78.

[3] 孙效华，张义文，秦觉晓，等．人机智能协同研究综述 [J]．包装工程，2020：41（4）：1-11.

[4] 孙效华，张义文，侯璐，等．人工智能产品与服务体系研究综述 [J]．包装工程，2020，41（10）：49-61.

[5] 胡洁．人工智能驱动的创新设计是未来的趋势——胡洁谈设计与科技 [J]．设计，2020，33（8）：5.

[6] 门宝，范雪坤，陈永新．仿生机器人的发展现状及趋势研究 [J]．机器人技术与应用，2019，5（5）：15-19.

[7] 高闯．手指交互触觉的体积辨别认知机理研究 [D]．北京：北京理工大学，2018：1-10.

[8] 毛玉榕，陈娜，陈沛铭，等．健康中老年人上肢负重状态下利手和非利手的三维运动学分析 [J]．中国组织工程研究，2021，19（42）：6776-6781.

[9] 殷融，曲方炳，叶浩生．"右好左坏"和"左好右坏"利手与左右空间情感效价的关联性 [J]．心理科学进展，2021，20（12）：1971-1979.

[10] 李心天．中国人的左右利手分布 [J]．心理学报，1983，3（1）：268-276.

[11] PEETERS M M M，DIGGELEN J V，BOSCH K V D. Hybrid Collective Intelligence in a Human：AI Society[J]. AI & SOCIETY，2020（3）：1-22.

[12] Feix TJR，Schmiedmayer HB，Dollar AM，et al. The GRASP taxonomy of

human grasp types[J]. IEEE Trans Hum-machine Systems, 2016, 46 (1): 66-77.

[13] Panday Virjanand, Tiest Wouter, Kappers Astrid. Bimanual and unimanual length perception[J]. Exp Brain Res, 2014, 232 (9): 27-33.

[14] Baud-Bovy Gabriel, Squeri Valentina, Sanguineti Vittorio. Size-change detection thresholds of a hand-held bar at rest and during movement[J]. Eurohaptics, 2010, 61 (2): 327-332.

[15] Yang J, Takashi S Ogasa T, Ohta Y, et al. Decline of Human Tactile Angle Discrimination in Patients with Mild Cognitive Impairmaent and Alzheimer's Disease[J]. Alzheimer's Disease, 2010, 5 (1): 1-12.

[16] Wang Haibo, Takahashi Satoshi, Wu Jinglong. Human Characteristics one Length Perception with Three Fingers for Tactile Intelligent Interfaces[J]. Active Media Tecnology, 2009, 52 (1): 217-225.

[17] Kitayama N, Wang H, Takahashi S, et al. Development of a New Four-degree-of-freedom Length Display Device for Cognitive Science Experiment and Rehabilitation[J]. 2009, 6 (4): 148-151.

[18] Berryman L J, Yau J M. Represention of Object Size in the Somatosensory System[J]. Neurophysiology, 2006, 67 (1): 27-39.

[19] Gepshtein S, Banks M S. Viewing geometry determines how vision and haptics combine in size perception[J]. Current Biology, 2003, 13 (2): 483-488.

[20] Loomies J M, Lederman S J. Tactual perception. In Handbook of Perception and Human Performance[M]. 1986: 1-41.

[21] Johnson K O, Hsiao S S. Neural mechanisms of tactual form and texture perception[J]. Neuroscience, 1992, 15 (1): 227-250.

[22] Heller H, Calcaterra J A, Green S L, et al. Intersensory conflict between vision and touch: the response modality dominates when precise, attention-riveting judgments are required[J]. Perception Psychophysics, 1999, 61 (7): 1384-1398.

[23] Schultz L M, Petersik J T. Visual-haptic relations in a two-dimensional size-matching task[J]. Perceptual Motor Skills, 1994, 78 (1): 395-402.

[24] Burke David，Gandevia SC，Macefield G. Responses to passive movement of receptors in joint，skin and muscle of the human hand[J]. Physiology，1988，402（5）：347-361.

[25] Annett J，Annett M，Hudson P T，et al. The control of movement in the preferred and non-preferred hands[J]. Q J ExpPsychol，1979，31（4）：641-652.

[26] Bagesteiro L B，Sainburg R L. Handedness：dominant arm advantages in control of limb dynamics[J]. J Neurophysiol. 2002，88（5）：2408-2421.

[27] Coley Brain，Jolles Brigitte，Farron Alain，et al. Estimating dominant upper-limb segments during daily activity[J]. Gait & Posture，2008，27（3）：368-375.

[28] Mark de Niet，Johannes Bussmann，Gerard Ribbers，et al. The stroke upper-limb activity monitor：Its sensitivity to measure hemiplegic upper-limb activity during daily life[J]. Arch Phys MedRehabil，2007，88（9）：1121-1126.

[29] Vega-Gonzalez A，Bain B J，Dall P M，et al. Continuous monitoring of upper-limb activity in a free-living environment[J]. Med Bio Engineering Computer，2007，45（3）：947-956.

[30] Casasanto D. Different bodies，different minds：The body-specificity of language and thought. Current Directions in Psychological Science，2011，20（6），378-383.

[31] Wang H，Takahashi S，Wu J. Human Characteristics one Length Perception with Three Fingers for Tactile Intelligent Interfaces，*Active Media Tecnology*，pp. 217-225（2009）.

[32] Kitayama N，Wang H，Takahashi S，et al. Development of aNew Four-degree-of-freedom Length Display Device for Cognitive Science Experiment and Rehabilitation：*Proceedings of 2009 International Symposium on Early Detection and Rehabilitation Technology of Dementia*，pp. 148-151（2009）.

[33] 大山正．今井省吾．和気典二．新編 感覚·知覚心理学ハンドブック．1994.

[34] Loomies J M，Andlederman S J. Tactual perception. In Handbook of Perception and Human Performance，vol. 2（ed. K. R. Boff，L. Kaufman and J. R. Thomas），pp. 1-41. New York：Wiley（1986）.

[35] Johnson K O，Hsiao S S. Neural mechanisms of tactual form and texture perception. Annu Rev Neuroscience，15，pp. 227-250，1992.

[36] 井野秀一，伊福部達. 触覚の材質感呈示システムのための基礎的研究. T. IEE Japan，Vol. 117-C，No. 8，1997.

[37] 井野秀一，泉隆. 物体接触時の皮膚温度変化に着目した材質感触覚ディスプレイ方式の提案. 計測自動制御学会論文集 Vol. 30，No. 3，345/351（1994）.

[38] 呂勝富，酒井義郎. 視触覚の長さ知覚特性の測定解析と 3 次元触覚形状ディスプレイの提案. 日本機械学会論文集（C 編）70 巻 697 号（2004-9）.

[39] Gepshtein S，Banks M S. Viewing geometry determines how vision and haptics combine in size perception. *Curr Biol* 13，pp. 483-488（2003）.

[40] Heller M A，Calcaterra J A，Green S L，et al. Intersensory conflict between vision and touch：the response modality dominates when precise，attention-riveting judgments are required. *Percept Psychophys*，61，pp. 1384-1398（1999）.

[41] Schultz L M, Petersik J T. Visual-haptic relations in a two-dimensional size-matching task. *Percept Mot Skills* 78，pp. 395-402（1994）.

[42] Burke D，Gandevia S C，Macefield G. Responses to passive movement of receptors in joint，skin and muscle of the human hand. *J Physiol* 402，pp. 347-361（1988）.

[43] Gaydos H F. Sensitivity in the judgement of size by fingerspan. Am. *J. Psychol.* 71，pp. 557-562（1958）.

[44] Dietze A G. Kinesthetic discrimination：the difference limen for finger span，*J. Psychol.* 51，pp. 165-168，1961.

[45] Berryman L J，Yau J M. Represention of Object Size in the Somatosensory System. *J neurophysiol* 96，pp. 27-39，2006.

[46] Yang J，Takashi S，Ogasa T，et al. Decline of Human Tactile Angle Discrimination in Patients with Mild Cognitive Impairmaent and Alzheimer's Disease. *Jounal of Alzheimer's Disease*，pp. 1-12（2010）.

[47] John K T，Goodwin A W，Darian-Smith I. Tactile discrimination of thickness. *Exp Brain Res*，78，pp. 6-68（1989）.

[48] Franc，Tremblay，Mireault A，et al. Postural stabilization from fingertip contact Ⅱ. Relationships between age，tactile sensibility and magnitude of contact forces. *Exp Brain Res* 164，pp. 155-164（2005）.

[49] Mattthews P B C. Mammalian muscle receptors and their central actions. London：E. Arnold（1972）.

[50] Fiehler K，Burke M，Engel A，et al. Kinesthetic Working Memory and Action Control within the Dorsal Stream. *Cerebral Cortex*，2008；18，243-253.

[51] Holsinger T，Deveau J，Boustani M，et al. Does this patient have dementia？J Am *Med Assoc*. 2007；297：2391-2404.

[52] Laurin D，Verreault R，Lindsat J，et al. Physical activity and risk of cognitive impairment and dementia in elderly persons. *Arch Neurol*，2015；58：498-504.

[53] Zhong Z，Ewers M，Teipel S，et al. Levels of beta-secretase（BACE1）in cerebrospinal fluid as a predictor of risk in mild cognitive impairment. *Arch Gen Psychiatry*，2007；64：718-726.

[54] Sperling R A，Aisen P S，Beckett L A，et al. Toward defining the preclinical stages of alzheimer's disease：recommendations from the national institute on aging-alzheimer's association workgroups on diagnostic guidelines for alzheimer's disease. *Alzheimer's Dement*，2011；7：280-292.

[55] Piguet O，Hornberger M，Mioshi E，et al. Behavioural-variant frontotemporal dementia：diagnosis，clinical staging，and management. *Lancet Neurol*. Elsevier Ltd 2011；10：162-172.

[56] Johnson S C，Schmitz T W，Moritz C H，et al. Activation of brain regions vulnerable to Alzheimer's disease：the effect of mild cognitive impairment. *Neurobiol Aging*，2006；27：1604-1612.

[57] Ballesteros S，Reales J M. Intact haptic priming in normal aging and alzheimer's disease：evidence for dissociable memory systems. *Neuropsychologia*，2004；42：1063-1070.

[58] Valcour V G，Masaki K H，Curb J D，et al. The detection of dementia in the primary care setting. *Arch Intern Med AD*，160：2964-2978.

[59] Simmons B B，Hartmann B，Dejoseph P D，et al. Evaluation of suspected dementia. *Am Fam Physician*，2011；84：895-902.

[60] Adelman A M, Daly MELP. Initial evaluation of the patient with suspected dementia. *Am Fam Physician*, 2005; 71: 1745-1750.

[61] Weissman D H, Banich M T. The cerebral hemispheres cooperate to perform complex but not simple tasks. *Neuropsychology*, 2000; 14: 41-59.

[62] Hollingworth P, Harold D, Jones L, et al. Alzheimer's disease genetics: current knowledge and future challenges. *Int J Geriatr Psychiatry*, 2011; 26: 793-802.

[63] Carrillo M C, Blackwell A, Hampel H, et al. Early risk assessment for alzheimer's disease. Alzheimer's Dement. *Elsevier Ltd*, 2009; 5: 182-196.

[64] Solomon P R, Murphy C. Should we screen for Alzheimer's disease? A review of the evidence for and against screening Alzheimer's disease in primary care practice. *Geriatrics*, 2005; 60: 26-31.

[65] Mayeux R, Reitz C, Brickman A M, et al. Operationalizing diagnostic criteria for alzheimer's disease and other age-related cognitive impairment-part 1. *Alzheimer's Dement*, 2011; 7: 15-34.

[66] Yang L-B, Lindholm K, Yan R, et al. Elevated beta-secretase expression and enzymatic activity detected in sporadic Alzheimer disease. *Nat Med*, 2003; 9 (1): 3-4.

[67] Barghorn S, Nimmrich V, Striebinger A, et al. Globular amyloid β -peptide1-42 oligomer -A homogenous and stable neuropathological protein in Alzheimer's disease. *J Neurochem*, 2005; 95: 834-847.

[68] Hashimoto M, Rockenstein E, Crews L, et al. Role of protein aggregation in mitochondrial dysfunction and neurodegeneration in Alzheimer's and Parkinson's diseases. *Neuromolecular Med*, 2003; 4: 21-36.

[69] Hampel H, Frank R, Broich K, et al. Biomarkers for alzheimer's disease: academic, industry and regulatory perspectives. Nat Rev Drug Discov. *Nature Publishing Group*, 2010; 9: 560-574.

[70] Mangialasche F, Solomon A, Winblad B, et al. Alzheimer's disease: clinical trials and drug development. *Lancet Neurol*, 2011; 9: 702-716.

[71] Herholz K, Ebmeier K. Clinical amyloid imaging in alzheimer's disease. *Lancet Neurol*, 2011; 10: 667-670.

[72] Huang S，Li J，Sun L，et al. Learning brain connectivity of Alzheimer's disease by sparse inverse covariance estimation. *Neuroimage*，2010；50：935-949.

[73] Delbeuck X，Linden M Van Der，Collette F. Alzheimer's Disease as a Disconnection Syndrome? *Neuropsychol Rev*，2003；13：79-92.

[74] Solomon P R，Brush M，Calvo V，et al. Identifying dementia in the primary care practice. *Int Psychogeriatrics*，2000；12：483-493.

[75] Vega-Bermudez F，Johnson K O. Spatial acuity after digit amputation. *Brain*，2002；125：1256-1264.

[76] Bodegård A，Geyer S，Grefkes C，et al. Hierarchical processing of tactile shape in the human brain. *Neuron*，2001；31：317-328.

[77] Kitada R，Kito T，Saito D N，et al. Multisensory activation of the intraparietal area when classifying grating orientation：a functional magnetic resonance imaging study. *J Neurosci*，2006；26：7491-7501.

[78] Examination M S，Borson S，Scanlan Ã J M，et al. Simplifying detection of cognitive impairment：Comparison of the Mini—cog and mini-mental state examination in a multiethnic sample. J Am *Geriatr Soc*，2005；53：871-874.

[79] Tombaugh T N，McIntyre N J. The mini mental state examination：a comprehensive review. J Am *Geriatr Soc*，1992；40：922-935.

[80] Wind A W，Schellevis F G，Staveren G van，et al. Limitations of the mini mental state examination in diagnosing dementia in general practice. *Int J Geriatr Psychiatry*，1997；12：101-108.

[81] Folstein M，Folstein S，McHugh P. Mini-mental state. A practical method for grading the cognitive state of patients for the clinician. *J Psychiatr Res*，1975；12（3）：189-198.

[82] Nishiwaki Y，Breeze E，Smeeth L，et al. Validity of the Clock-Drawing Test as a Screening Tool for Cognitive Impairment in the Elderly. *Am J Epidemiol*，2004；160：797-807.

[83] Kirby M，Denihan A，Bruce I，et al. The clock drawing test in primary care：sensitivity in dementia detection and specificity against normal and depressed elderly. *Int J Geriatr Psychiatry*，2001；16：935-940.

[84] Eschweiler G W, Leyhe T, Klöppel S, et al. New developments in the diagnosis of dementia. *Dtsch Arztebl Int*, 2010; 107: 677-684.

[85] Brodaty H, Low L, Hons B S P, et al. What Is the Best Dementia Screening Instrument for General Practitioners to Use ? *Am J Geriatr psychiatry*, 2006; 14: 391-400.

[86] Milne A, Culverwell A, Guss R, et al. Screening for dementia in primary care: a review of the use, efficacy and quality of measures. *Int Psychogeriatr*, 2008; 20: 911-926.

[87] Ismail Z, Rajji T K, Shulman K I. Brief cognitive screening instruments: an update. *Int J Geriatr Psychiatry* 2010; 25: 111-120.

[88] Cherbuin N, Anstey K J, Lipnicki D M. Screening for dementia: a review of self and informant assessment instruments. *Int Psychogeriatr* 2008; 20: 431-458.

[89] Kuslansky G, Buschke H, Katz M, et al. Screening for Alzheimer's disease: the memory impairment screen versus the conventional three-word memory test. *J Am Geriatr Soc* 2002; 50: 1086-1091.

[90] Lipton R B, Katz Ã M J, Kuslansky Ã G, et al. Screening for dementia by telephone using the memory impairment screen. *J Am Geriatr Soc* 2003; 51: 1382-1390.

[91] Buschke H, Kuslansky G, Katz M, et al. Screening for dementia with the memory impairment screen. *Neurology* 1999; 52: 231-238.

[92] Harvan J R, Cotter V T. An evaluation of dementia screening in the primary care setting. *J Am Acad Nurse Pract* 2006; 18: 351-360.

[93] Brodaty H, Pond D, Kemp N M, et al. The gpcog: a new screening test for dementia designed for general practice. *J Am Geriatr Soc* 2002; 50: 530-534.

[94] Nasreddine Z S, Phillips N A, Bedirian V, et al. The montreal cognitive assessment, moca: a brief screening tool for mild cognitive impairment. *J Am Geriatr Soc* 2005; 53: 695-699.

[95] Fillit H M, Doody R S, Binaso K, et al. Recommendations for best practices in the treatment of Alzheimer's disease in managed care. *Am J Geriatr psychiatry* 2006; 4: 25-28.

[96] Cullen B，Neill B O，Evans J J，et al. A review of screening tests for cognitive impairment. *J Neurol Neurosurg Psychiatry* 2007；78：790-799.

[97] Stephan B C M，Kurth T，Matthews F E，et al. Dementia risk prediction in the population：are screening models accurate？*Nat Rev Neurol*，2010；6：318-326.

[98] Yang J，Syafiq M U，Yu Y，et al. Development and Evaluation of a Tactile Cognitive Function Test Device for Alzheimer's Disease Early Detection. *Neurosci Biomed Eng* 2015；3：58-65.

[99] Boustani M，Callahan C M，Unverzagt F W，et al. Implementing a screening and diagnosis program for dementia in primary care. *J Gen Intern Med* 2005；20：572-577.

[100] Mattsson N，Zetterberg H. Future screening for incipient Alzheimer's disease-the influence of prevalence on test performance. *Eur Neurol* 2009；62：200-203.

[101] Wild K，Howieson D，Webbe F，et al. The status of computerized cognitive testing in aging：a systematic review. *Alzheimer's Dement* 2008；4：428-437.

[102] Ihl R，Friilich L，Dierks T，et al. Differential validity of psychometric tests in dementia of the alzheimer type. *Psychiatry Res* 1992；44：93-106.

[103] Francis P T，Palmer A M，Snape M，et al（1999）. The cholinergic hypothesis of Alzheimer's disease：a review of progress. *J Neurol Neurosurg Psychiatr* 66，137-147.

[104] Shen ZX（2004）. Brain cholinesterases：Ⅱ. The molecular and cellular basis of Alzheimer's disease. *Med Hypotheses* 63，308-321.

[105] Yang L B，Lindholm K，Yan R，et al（2003）. Elevated betasecretase expression and enzymatic activity detected in sporadic Alzheimer disease. *Nat Med* 9，34-42.

[106] Zhong Z，Ewers M，Teipel S，et al（2007）. Levels of betaSecretase（BACE1）in Cerebrospinal Fluid as a Predictor of Risk in Mild Cognitive Impairment. *Arch Gen Psychiatry* 64，718-726.

[107] Ewers M，Zhong Z，Burger K，et al（2008）. Increased CSFBACE 1 activity is associated with ApoEe4 genotype in subjects with mild cognitive impairment

and Alzheimer's disease. *Brain* 131, 1252-1258.

[108] Li R, Yang L B, Lindholm K, et al (2004) . Abeta load is correlated with elevated BACE activity in sporadic Alzheimer patients. *Proc Natl Acad Sci U S A* 101, 3632-3637.

[109] Shen Y, He P, Zhong Z, et al (2006) . Distinct destructive signal pathways of neuronal death in Alzheimer's disease. *Trends Mol Med* 12, 574-578.

[110] Huang S, Li J, Sun L, et al (2010) . Learning brain connectivity ofAlzheimer's disease by sparse inverse covariance estimation. *Neuroimage* 50, 935-949.

[111] Johnson S C, Schmitz T W, Moritz C H, et al (2006) . Activation of brain regions vulnerable to Alzheimer's disease: the effect of mild cognitive impairment. *Neurobiol Aging* 27, 1604-1612.

[112] Delbeuck X, Van der Linden M, Collette F (2003) . Alzheimer's disease as a disconnection syndrome? *Neuropsychol Rev* 13, 79-92.

[113] Baddeley A D, Bressi S, Della Sala S, et al (1991) . The decline of working memory in Alzheimer's disease: A longitudinal study. *Brain* 114, 2521-2542.

[114] Weissman D H, Banich M T (2000) . The cerebral hemispheres cooperate to perform complex but not simple tasks. *Neuropsychology* 14, 41-59.

[115] Förstl H, Kurz A (1999) . Clinical features of Alzheimer's disease. *Eur Arch Psychiatry Clin Neurosci* 249, 288-290.

[116] Carlesimo G A, OscarBerman M (1992) . Memory deficits in Alzheimer's patients: a comprehensive review. *Neuropsychol Rev* 3, 119-169.

[117] McKhann G, Drachman D, Folstein M, et al (1984) . Clinical diagnosis of Alzheimer's disease: report of the NINCDS-ADRD A work group under the auspices of Department of Health and Human Services task force on Alzheimer's disease. *Neurology* 34, 939-944.

[118] Petersen R C, Smith G E, Waring S C, et al (1999) . Mild cognitive impairment: clinical characterization and outcome. *Arch Neurol* 56, 303-308.

[119] Reite M, Teale P, Zimmerman J, et al (1988) . Source location of a 50 msec latency auditory evoked field component. *Electroencephalogr Clin Neurophysiol* 70, 490-498.

[120] Siedenberg R，Goodin D S，Aminoff M J，et al（1996）. Comparison of late components in simultaneously recorded eventrelated electrical potentials and eventrelated magnetic fields. *Electroencephalogr Clin Neurophysiol* 99，191-197.

[121] Petersen R C（2004）. Mild cognitive impairment as a diagnostic entity. *J Intern Med* 256，183-194.

[122] Folstein M F，Folstein S E，McHugh P R（1975）. "Minimental state" A practical method for grading the cognitive state of patients for the clinician. *J psychiatr res* 12，189-198.

[123] Morris J C（1993）. The Clinical Dementia Rating（CDR）: current version and scoring rules. *Neurology* 43，2412-2414.

[124] Stevens J C，Patterson M Q（1995）. Dimension of spatial acuity in the touch sense: Changes of the life span. *Somatosensens Mot Res* 12，29-47.

[125] Stevens J C，Choo K K（1996）. Spatial acuity of the body surface over the life span. *Somatosensens Mot Res* 13，153-166.

[126] VegaBermudez F，Johnson K O（2002）. Spatial acuity after digit amputation. *Brain* 125，1256-1264.

[127] Blatow M，Nennig E，Durst A，et al（2007）. fMRI reflects functional connectivity of human somatosensory cortex. *NeuroImage* 37，927-936.

[128] Roland P E，O'Sillivan B，Kawashima R（1998）. Shape and roughness activate different somatosensory areas in the human brain. *Proc Natl Acad Sci U S A* 95，3295-3300.

[129] Bodegrd A，Geyer S，Grefkes C，et al（2001）. Hierarchical Processing of Tactile Shape in the Human Brain. Neuron 31，317-328.

[130] Kitada R，Kito T，Saito D N，et al（2006）. Multisensory Activation of the Intraparietal Area When Classifying Grating Orientation: A Functional Magnetic Resonance Imaging Study. *J Neurosci* 26，7491-7501.

[131] Wu J，Yang J，Ogasa T（2010）. Raised angle discriminationunder passive hand movement. *Perception* 39，993-1006.

[132] Oldfield R C（1971）. The assessment and analysis of handedness: The edinburgh inventory. *Neuropsychologia* 9，97-113.

[133] Petersen R C, Smith G E, Waring S C, et al (1999). Mild cognitive impairment: clinical characterization and outcome. *Arch Neurol* 56, 303-308.

[134] Hughes C P, Berg L, Danziger W L, et al (1982). A new clinical scale for the staging of dementia. *Br J Psychiatry* 140, 566-572.

[135] Morris J C, Heyman A, Mohs R C, et al (1989). The Consortium to Establish a Registry for Alzheimer's Disease (CERAD). Part I. Clinical and neuropsychological assessment of Alzheimer's disease. *Neurology* 39, 1159-1165.

[136] Robins L N, Wing J, Wittchen H U, et al (1988). The Composite International Diagnostic Interview. An epidemiologic Instrument suitable for use in conjunction with different diagnostic systems and in different cultures. *Arch Gen Psychiatry* 45, 1069-1177.

[137] Voisin J, Benoit G, Chapman C E (2002). Haptic discrimination of object shape in humans: twodimensional (2D) angle discrimination. *Exp Brain Res* 145, 239-250.

[138] Voisin J, Lamarre Y, Chapman C E (2002). Haptic discrimination of object shape in humans: contribution of cutaneous and proprioceptive inputs. *Exp Brain Res* 145, 251-260.

[139] Johnson K O (2001). The roles and functions of cutaneous mechanoreceptors. *Curr Opin Neurobiol* 11, 455-461.

[140] Goodwin A W, Macefield V G, Bisley J W (1997). Encoding of object curvature by tactile afferents from human fingers. *J Neurophysiol* 78, 2881-2888.

[141] Wollard H H (1936). Intraepidermal nerve endings. *J Anat* 71, 55-62.

[142] Bruce M F (1980). The relation of tactile thresholds to histology in the fingers of elderly people. *J Neurol Neurosurg Psychiatry* 43, 730-734.

[143] Peters A (2002). The effects of normal aging on myelin and nerve fibers: a review. *J Neurocytol* 31, 581-593.

[144] Backman L, Small B J (2007). Cognitive deficits in preclinical Alzheimer's disease and vascular dementia: Patterns of findings from the Kungsholmen Project. *Physiol Behav* 92, 80-86.

[145] Kalman K，Magloczky E，Janka Z（1995）. Disturbed visuospatial orientation in the early stage of Alzheimer's dementia. *Arch Gerontol Geriatr* 21，27-34.

[146] Carpenter B，Dave J. Disclosing a dementia diagnosis：a review of opinion and practice，and a proposed research agenda. *Gerontologist* 2004；44（2）：149-158.

[147] Pinner G，Bouman W P. Attitudes of patients with mild dementia and their carers towards disclosure of the diagnosis. *Int Psychogeriatr* 2003；15（3）：279-288.

[148] Fahy M，Wald C，Walker Z，et al. Secrets and lies：the dilemma of disclosing the diagnosis to an adult with dementia. *Age Ageing* 2003；32（4）：439-441.

[149] Connell C M，Boise L，Stuckey J C，et al. Attitudes toward the diagnosis and disclosure of dementia among family caregivers and primary care physicians. *Gerontologist* 2004；44（4）：500-507.

[150] Derksen E，Vernooij-Dassen M，Gillissen F，et al. Impact of diagnostic disclosure in dementia on patients and carers：qualitative case series analysis. *Aging Ment Health* 2006；10（5）：525-531.

[151] Pratt R，Wilkinson H. Tell me the truth：The effect of being told the diagnosis of dementia. 2001. London，The Mental Health Foundation.

[152] Lecouturier J，Bamford C，Hughes J C，et al. Appropriate disclosure of a diagnosis of dementia：identifying the key behaviours of 'best practice'. BMC Health Serv Res 2008；8：95.

[153] Banerjee S. Living well with dementia-development of the national dementia strategy for England. Int J Geriatr Psychiatry 2010；25（9）：917-922.

[154] Valcour V G，Masaki K H，Curb J D，et al. The detection of dementia in the primary care setting. *Arch Intern Med* 2000；160（19）：2964-2968.

[155] Olafsdottir M，Skoog I，Marcusson J. Detection of dementia in primary care：the Linkoping study. *Dement Geriatr Cogn Disord* 2000；11（4）：223-229.

[156] Wilkins C H，Wilkins K L，Meisel M，et al. Dementia undiagnosed in poor older adults with functional impairment. *J Am Geriatr Soc* 2007；55（11）：1771-1776.

[157] Boustani M, Callahan C M, Unverzagt F W, et al. Implementing a screening and diagnosis program for dementia in primary care. *J Gen Intern Med* 2005; 20 (7): 572-577.

[158] Lopponen M, Raiha I, Isoaho R, et al. Diagnosing cognitive impairment and dementia in primary health care-a more active approach is needed. *Age Ageing* 2003; 32 (6): 606-612.